世界教育思想文库

U0693930

儿童的秘密

——秘密、隐私和自我的重新认识

CHILDHOOD'S SECRETS

INTIMACY, PRIVACY AND THE SELF RECONSIDERED

[加] 马克斯·范梅南　[荷] 巴斯·莱维林　著

陈慧黠　曹赛先　译

李树英　审校

教育科学出版社

·北 京·

译者前言

　　每个人都有过童年，也有过值得珍藏的童年秘密。童年的一些体验对我们的影响往往会波及终生。但是，由于我们自身知识结构的不同，我们在回顾和描述自己的童年体验时也许会有想说却又不知从何说起的困惑，而面对处于童年时代孩子的种种行动，我们也许会有忍俊不禁的欣喜和无可奈何。原来，童年的秘密包含着如此丰富的生命体验和如此多彩的意义。马克斯·范梅南和巴斯·莱维林合著的《儿童的秘密》借助现象学的研究方法，运用浅显生动的语言向我们展示了儿童日常生活的秘密及其对孩子成长方方面面的影响，进而深入地阐释了秘密的教育意义。

　　正如我们所知，教育现象学思想源于德国和荷兰，在德国被称为"人文科学教育学"，而在荷兰则被称为"教育的现象学"。20世纪40年代至70年代，教育现象学在欧美教育思想领域逐渐被人们所接受，如今越来越多的学者对之表现出了浓厚的兴趣，使得教育现象学成为一种较有影响的教育研究范式。这种研究范式具有非常鲜明的特点：关注生活体验，直面教育现场，挖掘深层意义，追求真实表达。现象学的研究关注事实本身，激励人们去描述、理解和解释自己和他人的体验，同时也激发人们强烈的反思意识。

　　《儿童的秘密》一书以一些关于秘密的故事体验作为研究的逻辑起点，继而从比较具体和微观的维度探讨了秘密的模式、秘密的体验、小说中描写的秘密、秘密和隐私的来源、秘密和隐私的区别，以及判断和识读秘密的方法，等等；然后从较为抽象和中观的维度阐述了秘密以及自我认同的源起、内心世界的形成和发展、秘密和后现代文化、秘密与谎言的关系、童年秘密所起的作用以及秘密暴露后的种种心理活动；最后从宏观的角度探讨了秘密的教育意义，指导人们理解和尊重儿童的秘密，反思我们的教育行为。这些研究一气呵成、层层深入，深刻地揭示了儿童的秘密与其成人之后的生活之间所具有的微妙关系，给我们展示了一个迷幻而又真实的秘密世界，同时也形成了关于秘密的一些经典阐述。

首先，秘密是人生成长的一个关键的方面，日常生活中普普通通的秘密不仅能让孩子们明白和意识到自己逐渐拥有的内心世界和外部世界，同时也帮助他们形成一种自我感。能够拥有并保守秘密是儿童走向成熟和独立的一个标志，能够与自己最亲近的人分享自己的秘密更是儿童成长和成熟的表现。

其次，世界上的一切几乎都受着秘密的影响。我们可以从身边的物体上体验秘密，有些物体是我们所熟知的，有些对我们而言却是陌生的；我们可以在各种各样的地方寻找秘密。所以，秘密的存在也是世界得以丰富和充实的源泉。

在孩子的成长过程中，对秘密的体验可以帮助他们感知到自己的创造力和想象力，让他们体会到自我角色的不可确定性和可塑性，让他们透视自己的内在性情，反观他们自己在别人心目中的形象，并对自己多一份联想和审思：我为什么会以这样的形象出现在此时此刻的世界上呢？

作为父母和教师，要认识到孩子的成长永远也不会结束，因为儿童时代的秘密也起着成人文化的作用，所以父母和教师更要理解、尊重、接纳孩子在成长过程中所隐藏的小秘密，给他们以恰当的关心和关注。如果孩子们愿意把秘密拿出来分享，就应该积极倾听。秘密的教育学意义就在于它能够培养孩子的自立、自力和自主。

"秘密是一份礼物"，让我们一起走进《儿童的秘密》吧。

李树英　曹赛先

目录

致谢 / 1

第 1 章　有关秘密的问题 / 1

关于秘密的故事 / 1

躲猫猫和捉迷藏 / 5

你能保密吗？ / 6

第 2 章　秘密的模式 / 12

生存秘密 / 13

交际秘密 / 14

个人的秘密 / 14

语言和秘密体验 / 17

第 3 章　我们是如何体验秘密的? / 23

秘密的藏身处和过道 / 23

可以隐遁的秘密场所 / 26

秘密的房间、抽屉和箱子 / 31

衣柜和壁橱里的空间 / 33

秘密的宣言和想象 / 35

在秘密游玩场所的冒险 / 37

第 4 章　小说中描写的秘密 / 43

第二个自我 / 46

亲密的自我 / 49

困扰的自我 / 53

非法的自我 / 57

阴暗的自我 / 62

孤儿一样的自我 / 63

第 5 章　秘密和隐私来自何处？ / 68

人应该总是坦率诚实吗？ / 68

保持缄默意味着什么？ / 69

隐私因何产生？ / 71

秘密因何产生？ / 75

第 6 章　秘密和隐私的区别 / 79

亲密的因素 / 79

内容的因素 / 84

语言的因素 / 86

道德的因素 / 88

秘密和隐私：一个小结 / 88

我们为什么会珍视秘密和隐私？ / 89

第 7 章　秘密的相面术 / 94

透明的身体 / 95

被排斥的感觉 / 95

冷落怠慢及区别 / 97

文化规范 / 98

学习一点相面术 / 104

第 8 章　秘密以及自我认同的源起 / 107

自我和他人 / 108

身体和自我 / 113

前认同和对自我的区分 / 115

认同和内在的自我 / 119

秘密可能存在吗？ 一个心理学的问题 / 123

秘密可能存在吗？ 一个哲学的问题 / 125

第 9 章　内心世界的形成和发展 / 130

秘密的认知发展 / 130

作为内心世界一部分的秘密 / 134

内心世界发展的文化特征 / 137

内心世界和忏悔之路 / 142

第 10 章　秘密和后现代文化 / 147

后现代的自我 / 148

复数的自我 / 151

失落的内心世界？ / 153

第 11 章　谎言与秘密 / 155

学会隐藏 / 155

有关撒谎用语 / 157

视孩子的秘密为谎言的道德观 / 158

撒谎的技巧 / 161

背后议论 / 164

第 12 章　充满秘密的儿童时代 / 167

儿童时代的秘密 / 168

童年秘密对成人文化所起的作用 / 170

第 13 章　愧疚、羞耻和尴尬 / 172

秘密在别人面前暴露 / 172

亏欠心理的暴露：愧疚 / 173

错误的公开：羞耻 / 175

天真的流露：尴尬 / 176

第 14 章　　秘密的教育意义 / 179

监督的需要与隐私 / 180

机构化的关系和教育的关注 / 183

监督和缺乏隐私 / 186

教室里的监督 / 190

监督——对他人的真正兴趣 / 194

人生的秘密 / 197

我是谁？ / 202

参考文献 / 205

译后记 / 212

致谢

　　本书是加拿大阿尔伯塔大学（位于加拿大埃德蒙顿市）和荷兰乌得勒支大学（位于荷兰乌得勒支市）一项国际合作研究项目之成果。

　　我们感谢所有与我们分享他们记忆中童年时代一些秘密体验的年轻人和成年人。我们无法一一列出他们对本书的贡献，希望本书的出版能作为我们珍惜他们所作贡献的一个见证。

　　从我们的研究项目一开始，许多人在得知我们的研究兴趣之后便与我们分享他们的秘密。我们为他们毫无保留地分享个人秘密而深深感动。或许这样的倾谈将永远成为我们和他们之间的秘密，但是这些经历使我们对人们生活当中极为普遍的秘密的本质形成了深刻的印象。有些人带着童年的秘密生活着，甚至连他们的配偶、孩子、朋友都不曾察觉。当然，并非所有这些秘密对人们以后的人生来说都是消极的、痛苦的或者令人困扰的。相反，它们常常是积极的，并且几乎所有那些留在记忆当中的秘密所产生的影响都是真实的，在人生中不时能感受得到。我们十分感激人们对这项研究表示出兴趣并且乐意分享他们的秘密。

　　我们也要对我们的研究生们表示感谢，他们协同我们一道对秘密的体验进行反思并提出了宝贵的意见。我们特别感谢罗斯·蒙哥马利-惠彻（Rose Montgomery-Whicher）和布伦达·卡梅伦（Brenda Cameron），她们帮助我们收集和整理了儿童时代有关秘密的故事资料；我们还要感谢菲洛·霍夫（Philo Hove）协助我们查阅了大量文献。我们真诚地感谢我们的同事与朋友汤·比克曼（Ton Beekman）和弗兰斯·伦德斯（Frans Leenders），他们阅读了原稿并提出了他们的建议。我们同时也感谢莎拉·拜恩德罗（Sarah Biondello）和琳恩·格罗斯曼（Lyn Grossman）细致的编辑工作，以及布赖恩·埃勒贝克（Brian Ellerbeck）对本书出版工作的耐心和鼓励。

最后，我们要感谢加拿大社会科学与人文科学研究基金会对这项研究工作给予的部分资助。

第1章　有关秘密的问题

不能把自己从家庭和家族的约束中解放出来的人，不了解自己个性的人，就不可能成为一个真正的人。

——保罗·图尼耶（Paul Tournier）：《秘密》（*Secrets*）

关于秘密的故事

有些日子，乔伊在步行去学校时，总会和自己玩一种游戏。昨天，他走路时规定自己一定要避开人行道上任何有缝隙的地方。今天，他一定得触碰一下他沿街走过的每一棵树。突然，他意识到他忽略了街头某棵树。一开始，他想快点继续往前走完这段路，因为学校马上就要上课了。可是紧接着一丝不安占据了他的心头，于是他跑回去飞快地触碰了一下那棵被他遗忘的树。一个教师远远地观察到了乔伊古怪的行为。但乔伊却没有告诉任何人有关他的秘密游戏。

马克读五年级，他很喜欢安妮塔。安妮塔也很喜欢马克。但他们谁也没敢承认自己在内心深处悄悄地喜欢着对方。在课堂上，马克静静地观察安妮塔。在操场上，安妮塔无法把目光从马克身上移开。直到有一次马克和安妮塔离开学校回家时，他们才轻轻揭开秘密的面纱。那一次，几乎难以觉察地，安妮塔向马克挥

1

手，而马克腼腆地向安妮塔抬起手，"再见！"

父母亲给孩子铺好被褥，让孩子上床入睡。这个时候，孩子显得最为轻松，试图掩盖白天发生的一些小秘密的那种由害羞、焦虑、沮丧或者内疚感所引发的脆弱与紧张的表现不复存在。临睡时，汉斯悄悄地告诉妈妈一些白天他一直装在心里的事情：在学校他的朋友们怎样骂他，拼写课上他得了低分，还有他骑着自行车差点被车给撞了。

几乎每个晚上，简睡前都要在她的题为"秘密日记"的笔记本里写点什么。她的父母知道她把日记放在架子上的某个地方。有一天，他们一起谈到简时，爸爸说要是他打开了简的日记，他会感到是一种冒犯；做妈妈的承认她已悄悄地读过了简的日记。

当孩子们上体育课前在更衣室脱衣服时，一个同学注意到吉米肚皮上的青紫斑。"你那些蓝色的斑点是怎么弄的？"他问道。但是吉米没有回答并且迅速把衬衫拉了下去。而当他的朋友追问那些青紫斑的来历时，吉米支支吾吾的，然后闹着玩似的踢踢他的朋友跑开了——但他踢得有点太重了，作为男孩子的恶作剧有点太过分了。

老师在班上组织着一场生动的课堂讨论。尽管劳丽似乎内心在积极地参与，但她不太言语。"噢，劳丽，你怎么看这个问题？对这个讨论有没有什么要补充的？"老师问。"没，没什么。"劳丽说。然而，老师还是注意到她的嘴角闪着一丝不易察觉的微笑。

到了就寝的时间。"我希望你刷过牙了！"妈妈走进卧室告诫道。孩子感到了妈妈话里挑剔的语气，不情愿地回答，"刷了"。

但几乎同时孩子感到一种犯罪的痛苦，因为她没有刷牙。 她一直感到不安。一个小时过去了，还是睡不着，孩子悄悄地溜下床，刷了牙。回到床上，她马上就睡着了。

法语老师在操练口语技巧，她一会儿叫这个学生，一会儿叫那个学生，看他们是不是在注意听，并且检查他们用法语回答问题的能力。她注意到比利费劲地躲到他前面同学的背后。当她向他提问时，比利的反应完全令人失望。他耸耸肩，别别扭扭、结结巴巴地说出几个法语单词。他感到自己很笨、很尴尬。孩子们有些在窃笑，有些在咯咯地笑。比利的法语对话不怎么行。

贾森溜进教室。很显然他手上拿着什么东西不想让人看见。他悄悄地溜向他的课桌。"嗨，贾森，你在干什么？"老师问，"噢，没什么。"贾森很快地说。但他的脸有点红，而且他尴尬地把那个东西朝课桌肚里胡乱一塞。

玛戈今年数学学得真不错。父母表扬她专心学习并取得了优异成绩。可她的妹妹简脱口说出她所认为的玛戈勤奋学习的真正动机："玛戈暗恋数学老师，她想让那个老师认为她棒极了！"

一年级的老师把手指放在嘴唇上，用耳语般的声调让孩子们安静，让他们把想法装在脑子里，直到她叫他们时才说出来。这天课结束时，一个小孩子困惑地皱着眉头，走近她问道："我怎么可能不让想法从脑子里出来？您为什么要我们那样做呢？"于是，老师也困惑了。我们怎么能让脑子里的东西不出来？这样做好吗？

尽管这种种的趣闻逸事各不相同，但它们也有某些共同之处。它们展示了孩子们生活中一个普遍存在却很少为人讨论的现象：隐私和秘密的体验，意识到属于内心的东西，知道隐藏什么，有隐藏、隐蔽、掩盖、掩饰、隐瞒、掩蔽、保护的意识。在孩子们的生活中，秘密有很多种形式。有不让父母知道的秘密、不让朋友知道的秘密、藏身或脱身的秘密场所、令人难以理解的幻觉秘密、被人信任的秘密、被人出卖的秘密，以及与其他重要的人共同拥有的秘密。

这种秘密在孩子们和成年人的生活中意味着什么？是不是所有的孩子们，不管是大孩子还是小孩子，都有秘密体验？成年后，童年的秘密还会犹存于记忆中吗？拥有秘密在孩子们的生活和成长中是一种有益的现象吗？抑或，秘密只不过是阻碍人与人之间坦诚交流的不健康的屏障？秘密具有什么道德意义呢？我们究竟怎样体验秘密？个人隐私也是秘密的一种形式吗？我们为什么看重私人的物品、私人的空间？

成年人对孩子们所施加的任何影响，在某种意义上说都是指向孩子的自我的。成长和受教育是孩子们发展自我和个性的过程。不论是年龄小的孩子，还是大些的孩子，其内心世界都常常是很难理解的，但却是出于截然不同的原因。很小的孩子仍然非常坦率，对父母或者教师来说主要的挑战常常是去"揣摩"孩子的内心世界，因为其语言能力有限，无法表达他或她所经历的一切。而大一点的孩子虽然语言表达的能力加强了，却常常开始变得对内心的自我暗暗地保护，不愿让成人闯入或让成人看到。所以，年龄小的孩子内心世界比较开放，却因为难以表达而成为我们眼中的"秘密"。年龄大些的孩子内心世界可能因为其有意的封闭而令人难以明白，从而成为成年人无法理解甚至有时孩子自己都无法理解的真正秘密。

保守秘密和内向有什么关系呢？"秘密"是不是另一个用来指潜意识里所存在的东西的词？在秘密的体验中自我的意义是什么？保守秘密是封闭自我的一种形式吗？在秘密的体验中自我的哪一方面被封闭了呢？秘密是需要保护、需要隐藏的自我核心吗？或者私人的空间是不是起着一种用来保护亲密的关系或内在的自我的防护罩或外壳的作用？隐私和亲密有什么关系？

有些秘密与个人有关；有些与家庭有关；还有一些秘密存在于兄弟

姐妹之间、朋友之间，或者教师与孩子之间。有美好的秘密、深沉的秘密、亲昵的秘密、社会的秘密，也有可怕的秘密、尴尬的秘密、恐怖的秘密、阴森的秘密、不情愿的秘密。我们体验到秘密的渴望、秘密的愉快、秘密的恐惧、秘密的困扰。有些秘密是我们无法掌握却又无法放弃的事情。权利、惩罚、害羞、犯罪、关心、爱恋、憎恨等种种感觉都与秘密领域有关。

孩子们心中很容易有一些小小的、难以抑制的冲动，但他们常常愿意悄悄地解决掉。冲动是一种秘密的烦恼："不愿和不能"成为什么或者做什么事。[①] 而且，孩子们玩的很多游戏，比如，捉迷藏、躲猫猫、寻宝藏等都是基于与秘密体验有关的现象。成人们也有不想让孩子们知道的秘密——是为了孩子们好，还是为了大人们好呢？并且孩子们往往会围绕这些真实的或虚构的大人的秘密去建立他们自己秘密的思想、故事、文化和社会生活。

有些秘密是孩子们梦寐以求的宝藏，就像森林里的花朵一样，这些秘密生长在童年的时空里。另一些秘密是强加于孩子们的，有时这些秘密会变成恶性肿瘤和怪物，在个性的"面模"上留下复杂的疤痕。之所以这些黑暗而病态的秘密与那些美好或者更良性的秘密共存，是因为过去的秘密可能对现在有影响。一代人的业绩和恶行常常延续到几代人身上。而且，父母遮遮掩掩的、拘谨内向的态度也经常会遗传到孩子们身上。

躲猫猫和捉迷藏

我们是如何把突发奇想与逐渐养成的保密能力联系起来的呢？懂得秘密这个概念的意义与能够保守秘密是截然不同的。不同文化间孩子们学捉迷藏的方式很显然是相似的。很幼小的孩子学习怎么玩这个

---

① 请参见 Buytendijk（1947）。

游戏有些困难。[1] 不是说他们不懂得游戏规则。"你去躲起来！我闭上眼睛数到十五。然后我去找你！"幼小的孩子对于不"在"有种紧张感。那就是为什么他们会离开藏身的地方大叫"是我，我在这!"，而你却觉得游戏还没开始的原因。

躲猫猫和捉迷藏在不同的文化中玩的方式也各种各样。它们教给孩子们一些有关身份与身体（identity and corporeality）之间关系的问题。父母和孩子玩躲猫猫的游戏让孩子懂得即使看不到妈妈——因为她把脸或眼睛遮挡起来，也并不表示她不在那儿。看不到妈妈或者爸爸，对孩子来说是一种令人激动的经历，倒不是因为被冷落在一边的焦虑感，而是因为期待父母把报纸拿开，他或她的脸又重新出现的那一瞬间那种激动人心的体验。

在捉迷藏的游戏中，孩子能更进一步探索身份与身体的关系。身份与身体的存在相关。有时候，伸在外头的某个肢体都可能将你完全暴露出来。如果你的身体或者身体的某一部分被找你的人看到了，你就被"抓"住了。当然，即使作为成年人，我们也不是总能意识到我们身体的存在。在某种意义上，我们忘记了我们有身体。肉体意味着我们本身就是一个身体。那就是为什么捉迷藏的游戏即使对成年人也是一种刺激的体验的原因。

你能保密吗？

圣诞节始终是一年中的一个特别时刻，尤其在我小的时候。一想到圣诞老人的到来、家庭之间的互访、装饰、同爸爸妈妈一起圣诞购物等，我就感到激动不已。

那一年，对我来说最难守的秘密是给爸爸的圣诞礼物——就是我在托儿所做的我的手纹。是用熟石膏做的。后来我把它涂上

---

[1]　请参见 Barritt, Beekman, Bleeker, & Mulderij (1983)。

了银灰色。我认为这是世界上最好的东西了，巴不得马上就给爸爸。还好，妈妈阻止了我，让我不要毁了这个惊喜。我还记得她说："亲爱的，你不想让它成为一个惊喜吗？"在以后的几周里，我又听她讲过好几次这样的话。有时候，我拿不准自己是不是能等下去，但不管怎样我还是做到了。

在圣诞节前的那几周，我脑子里想的全是那件礼物。我想象着爸爸整天把它带在身边，或者把它挂在墙中央。我甚至都梦到爸爸看到它时微笑的面庞。

我每天都检查一下我的礼物，看它是不是完好无损，然后再把它放回到柜橱里。圣诞节的前一周，在妈妈的帮助下，我把它包装得很漂亮，还做了一张卡片。打那以后的每一天，我越来越急切地盼望着圣诞节早点来临。

圣诞节终于到来了，我才如释重负。爸爸终于可以得到我的礼物了。爸爸很高兴。我所有的等待没有白费。

"你能保密吗？"这是一个常见的有很多可能性的问题。首先，它让我们了解这个显而易见的事实——很多人都很难保守秘密。对于那些还没"学会"怎么保密的孩子们来说也是这样。而且，很幼小的孩子不一定了解秘密是什么。他们无法回答是否能够保守秘密这样的问题。当有人问我们"你能保密吗？"，这也有可能是期待一个肯定的回答，从而成为知己，可信赖的朋友。与某人分享秘密可能会对我们与这个人建立的关系产生许多微妙的影响。

那么，假如某人问"你能保密吗？"，而我们回答"不能，很抱歉，我很难保守秘密"，这样的回答意味着什么呢？是承认我们还没有长大，所以不能保守秘密吗？还是我们认为保密是不健康或者偷偷摸摸的行为，是在道德上妥协了，所以不愿保守秘密？我们甚至想"保守秘密"是不是对别人不好？了解别人的秘密对我们有好处吗？保守着秘密对一个人的内心生活和良心有什么影响？或者，说到底，"保守秘密"是不是很小、很琐碎的事情呢？

众所周知，从 5 岁或 6 岁的男孩或女孩那儿很容易了解到，他们在学校为母亲节或父亲节做了什么礼物。你如果真的很想知道这个惊喜是什么，那么不需要多大的努力就可以知晓了。可能，幼小的孩子们泄露他们的秘密礼物就像他们已经忘记了要保守这个惊喜的协定一样，即使他们很清楚，要是能够坚持到惊喜的那一刻到来之际才让人知道礼物是什么的话会更有趣些。当一个孩子说"我不告诉你我在学校为你的生日做了一个日历"，这并非一个例外的插曲。因此，我们想，人们是不是非得掌握保守秘密的能力不可？如果是这样的话，有些人是不是从来没有学会过？有些人是不是一辈子都是一本敞开的书？保守秘密的能力到底重不重要？

德国社会学家格奥尔格·齐美尔（Georg Simmel）确实感到"通过积极的或消极的方式"保守秘密是人类最伟大的成就之一：秘密极大地丰富了生活。① 为什么？因为秘密的体验提供了一个复杂得多的人类生活经历的现实："与展现在我们眼前的世界同时存在的第二个世界的可能性；前者受到后者决定性的影响。"② 一旦人们能够保守秘密，他们就开始生活在两个世界里。而且，这第二个世界对基本的现实有着深刻的影响。齐美尔概述了这种影响是怎样产生的，怎样对友谊和亲密的关系具有道德的意义，以及秘密社会在社会现实结构中起着怎样的作用。

最近，西瑟拉·博克（Sissela Bok）进一步精辟地论述了秘密对于社会与政治生活的道德意义。她强调了在秘密中有意掩盖的特性。③ 保守秘密是为了确定的原因。尽管现代媒体和现代民主价值观开创了更加透明和开放的公共空间，我们也感到现在的政府、政治、公司、医疗、金融、军事与宗教领域比以前更加封闭和隐秘。通过广泛而复杂的技术网络，其中有一些力量似乎能追踪到我们在公共和个人生活中所

---

① 请参见 Simmel（1908/1970），pp.307 - 378。有关秘密的章节最初于 1908 年在德国发表。

② 同①，p.330。

③ 请参见 Bok（1982），p.10。

做到的和没做到的一切。它们用来探索秘密和潜在地侵犯我们的私人生活的理由，从道德上说总是堂而皇之的吗？

除了创造与我们生活中展现的各种现实同时存在的秘密现实之外，除了机构生活中秘密的道德范畴之外，秘密在孩子们和成人的个人成长中也有着教育的（educational）或教导的（pedagogical）功能。当孩子得知思想和想法可以放在脑子里，别人不会知道时，孩子就认识到在他或她的世界中有某种"内"和"外"的分界线。在关于心理疗法的文献中，这常常被称做"自我领地的形成"。

秘密具有教育意义，因为它们能够创造出自我的多个层次和内、外空间，这有助于个人性格的形成。[1]　教育家和社会科学家对秘密的这一教育侧面的注意，即使有，也是很少的。因此，这就变成了我们关注的焦点：秘密和与之有关的现象，如隐私和保留，在个人的发展中究竟起着什么作用呢？

我们探索秘密是如何被体验的，秘密在社会生活中起什么作用，隐私和秘密之间有什么关系，秘密能不能学会又是怎样被学会的，秘密和谎言之间的关系是什么，在年轻人的生活中谎言意味着什么，秘密对人类的发展有什么要求，秘密作为自我的一个方面意味着什么；我们同时也思考秘密在正式和非正式教育环境中的一些具体实例。在本书中我们对孩子们和成年人所讲述的故事有选择地加以讨论，并且前后联系，贯串全书。这些故事包括：对保守住的秘密的早期回忆、从他人处获得的秘密、与别人分享的秘密以及泄露的秘密。

尽管在有关秘密的故事当中，有一部分明显与早期童年生活中发生的一些阴暗的或者麻烦的事件有关，但本书不打算把重点放在这样的体验上 [我们曾经这样做过（we did）]。[2]　我们认为有关（病理

---

① 1927 年，法国精神病学家皮埃尔·阿内（Pierre Hanet）是最先指出人类进一步发现"秘密行为"具有重要意义的学者之一。正如他所说，"秘密行为"宣告了"内心世界"的降临。请参见 Meares（1987），p.548。

② 关于可怕的秘密的最佳疗法，请参见 Cottle（1980/1990）。他的文章《儿童秘密》（*Children's Secrets*）不是谈孩子，而是讽刺性地谈到他的病人在童年时代经历的家庭秘密给他们带来的精神上和肉体上的创伤。

性）秘密和心理疗法的文献资料已经相当精辟。①然而，很少有人论及孩子们生活中普通秘密的意义。我们发现，在整个哲学和社会科学领域中，对这一主题只有过一些零零星星的不完整的论述。这些只言片语就成为我们探索的主要依据。虽然很少有人注意到儿童时代秘密的共同体验，但有很多相关的话题已经引起了学术界广泛的兴趣。例如，在本书中我们触及了个性发展的理论；而且读者可能注意到——我们的描述可以被看做是对这类抽象的兴趣进行深刻了解的尝试，但却是以一种具体的或者现象学的方式进行的。

然而，我们的目的不是提供某种有关秘密、隐私、亲密或自我的理论。我们试图避免构建各种抽象的概念和综合的模式。相反，我们试着以一种现象学的方式来探索秘密和隐私的体验。基于这个目的，我们主要对那些迄今为止被心理学、精神病学和政治研究所忽略的各种各样儿童时代的秘密感兴趣。我们对理解业已十分复杂多样的普通秘密和隐私的方方面面感兴趣，对可能从中发掘出的某些教育学方面的内涵感兴趣。

再重申一下，我们旨在将秘密的病理学和教育学范畴分离开来。 我们感兴趣的主要是秘密体验中的教育意义，即秘密在个人成长中可能产生的积极或消极的作用。为此，我们历时几年从成年人和年轻人那儿收集了许多关于童年秘密的回忆——大多数是普通秘密。此外，我们和孩子们一起进行了一项与秘密，比如撒谎、耍小聪明、编造故事等有关的研究。② 我们感到教育学方面的洞察主要得益于一项对部分留在人们童年记忆中的那些普通的，甚至可能是琐碎的，通常是天真的，或者小小的秘密的研究。这些"普普通通"的有关秘密的故事，其影响不在于它们令人憎恶，难以置信，或古里古怪，而恰恰在于它们是我们所有的人都可能有过或仍然有

---

① 比如：Imber-Black（1993）；Meares（1976，1977，1987）；Rashkin（1992）；Strickler & Fisher（1990）。

② 有关秘密的故事主要是在加拿大收集的，请参见 van Manen（1990，1991）。而关于谎言的故事则主要是在荷兰收集的，请参见 Levering（1984，1987，1992）。

的，它们与我们每天的秘密经历有关，而且是我们所熟悉的，是普普通通的，是经常发生的。①

---

① 我们请孩子和成年人回忆小时候的秘密体验，想知道他们记忆中"不让"父母、兄弟姐妹、其他家庭成员或教师知道的秘密，以及他们与这些人"分享"的秘密。下面是向他们提出的一些问题：

- 你还记不记得从什么时候开始你向父母、兄弟姐妹或其他与你关系密切的人保守秘密？（回忆一下那些岁月，看能不能想起一件事情。）
- 你保守的是什么秘密？一个想法？一件物品？一种感情？还是你做过的什么事情？
- 你有没有什么藏身或藏物的秘密地点？如果有，能不能描述一下那个地方？
- 这种保守秘密或与人分享秘密的体验给你带来什么感受？比如说，你的身体上有什么感觉？在父母、兄弟姐妹、爷爷奶奶或者老师面前，你有什么感觉？在他们面前你表现出什么样子？

通过探索儿童时代经历的性质，并把这些发现与从人类科学和人文学科中获得的知识进行比较，我们希望能够捕捉到秘密对孩子们、年轻人以及成年人的成长与发展所具有的意义。关于这种研究方法的具体讨论，请参见 van Manen（1990）。

第 2 章　秘密的模式

若能保守秘密，你就是秘密的主人；否则，你就成为它的奴隶。

——阿拉伯谚语

保守和分享秘密是人类特有的体验。然而秘密却是复杂的、多层次的、多范畴的，比如诡秘行动、宗教活动、藏物、戴面纱、掩盖某种企图、掩饰某种情感、藏宝，等等，所有这些表达方式都或多或少描述着秘密。只要涉及秘密，就总会有与之相对应的指代物，也就是说保守秘密其实就是在掩藏某个具体的东西。然而秘密的动机却可能大相径庭。比如，某个女人发现自己怀孕了，她可能会迫不及待地与配偶分享这一喜讯。夫妻俩决定先不声张，等时机成熟再告诉亲友们这个美丽的秘密。而另一个女人发现自己怀孕了，却心事重重，对这不期而至的东西感到痛苦、害怕、焦虑和羞愧。她决定不告诉父母，并打算打掉这个可怕的东西。秘密所蕴含的情感、情绪、意义和价值都可能是迥异的。

除了隐藏、掩盖真实的情况之外，秘密还有很多其他的明显特征，而这一切让人们不可能对它漠然置之。当然，假使人们真的对秘密感到无所谓，那也是有原因的。"你能帮帮我吗？"妈妈问道。可是孩子飞快地溜出了门，假装没听见。也许妈妈需要人帮忙倒垃圾、跑腿或者摆好饭桌。这属于人们不想知道的"秘密"。

"有件事情我得告诉你，但你不要对别人讲。"爸爸说。然后，稍稍停顿了一下，他说，"……算了，我想还是不说的好。"这下，孩子就不会放过他了。"告诉我吧！我发誓不跟任何人讲。你想告诉我什么？"这种秘密总是人们渴望了解的。

　　拥有秘密、保守秘密、发现秘密或者承认秘密不应该让我们认为秘密只是某件"东西"或某种存在。更确切地说，秘密构成了人与人之间的关系。秘密可以同某人或某些人分享；而保守秘密则总是为了不让某人或某些人知道。从这个角度来看，秘密具有不同层次的情感和意义。我们可以把人与人之间的秘密分成三种类型：生存秘密、交际秘密和个人隐私。①

生　存　秘　密

　　我坐在孩子的床边，和孩子说着话。父母与孩子之间通常都存在着一种非常与众不同的亲密感。这种亲密无间的关系是与其他任何人都不可能有的。当孩子向我倾诉他的一些烦恼时，当我们真正地用心交谈时，我清楚地意识到了与这个年轻人之间的亲密纽带。我感到我了解自己的孩子。

　　然而，有时候一种不安的体验会替代这种认识：我在孩子熟睡时查看他；我感到深爱这个年轻人，他对我太重要了，这种爱使我禁不住被感动。可是，当我继续观察孩子时，一种异样的神秘的感觉占据了我的心。我突然间感到害怕：这个孩子，这个我如此了解的人，这个我感到比谁都亲近的人，却完全独立于我。这个令我感到如此亲密却又全然陌生的人是谁？此时此刻，当你感到与之亲密无间时，却又感到如此令人难以置信的距离，这难道不奇怪吗？怎么会这样呢？这孩子，我自己的孩子，同我遇到的其他任何人相比，对我而言更是一个秘密。

　　当然，从某种意义上说，任何个人对我们而言都是一个秘密。没有哪两个人能彼此完全敞开心扉。从人类关系的本质来看，他人完全是神秘的，是一种永远也无法完全敞开或被人了解的生存秘密。

---

　　① 请参见 Garrett（1974）对必要性隐私与偶发性隐私之间的区别所作的一段相似的描述。

交际秘密

与生存秘密有关的是交际秘密的概念。对我而言，孩子也是一个秘密，不仅仅因为我有时候因这孩子最终将完完全全独立于我而感到害怕，也有可能因为他或她无法表达自己内心世界的喜怒哀乐而让人感到是个秘密。交际秘密不只是与孩子们交往时特有的体验，有些成年人即使有表达的愿望，也因某种原因不能完全道出他们的想法和情感。

而且，原则上说，没有谁能把内心的想法和感情全部表达出来。生活就是太复杂了。无论喜欢与否，能同别人分享的东西是有限度的。对于那些和我们交谈、向我们表白自己想法的人本身来说，他并不一定打算隐藏什么秘密。然而，我们会"自然而然"地感到人与人之间是有界限的——这些界限让人体验到有那么点儿秘密的感觉。如果我不理解某人，那这个人对我而言就是个秘密——尽管我有心去了解这个秘密，但我的理解能力限制了我。与生存秘密不同的是，交际秘密与某些藏于内心的或者无法表达的、无法触及的东西有关；而生存秘密则是把整个人都看成一个秘密或者一个谜。

个人的秘密

当然还有第三种情况，就是有时候我们不愿与别人分享某些想法。这就是通常所说的保守个人秘密。一般来说，谈到秘密，我们认为所保守的秘密事实上是可以与人分享的，只是当事人不可能、不愿意或者也许是害怕与人分享。个人秘密对人际关系会有影响。当人与人之间有秘密时，通常会导致相互之间不那么坦率、不那么亲密、不那么自然。相反，当伙伴之间有秘密共同分享、吐露、倾诉时，彼此之间会更加亲密无间、无所不谈。

"秘密"一词来源于拉丁语中的 *secretus*，意为"分离、拆散、隐秘"。因此，秘密这一术语的词源就让我们意识到了秘密对人与人之间的关系所具有的意义。我们的讨论有一个主要的观点，即秘密总是与某种关系相连的。秘密不只体现了当事人与其自我或其内心世界之间的关系，也体现了人与人之间的关系。我对某人保守秘密，或与某人分享秘密，首先就意味着我同这个人之间有某种关系。有了向对方保密的体验，这种关系就已改变抑或复杂化，因为我们感到相互之间已不再以诚相待、开诚布公了。

意识到一个秘密的同时，我们就会很自然地想到有哪些人不该知道这个秘密。不该知道这个秘密的人一定是与秘密有关联的人。同陌生人相处，我们一般不会有什么秘密，除非当事人处于迫不得已的情形，为了个人安全或可能发生的迫害而不得不保密。比方说，不想让竞争对手、当局、警察等知道的秘密。

通常，我们一开始就是向父母或生活中的其他重要他人（Significant others）保守秘密，比如兄弟姐妹、朋友、爷爷奶奶以及老师等。 但是，由于保守秘密无异于体验分离的痛苦（尤其是体验与自己最休戚相关的人相分离），早期保守秘密的体验可能是不安的、烦躁的、甚至是恐惧的。

> 小彼得走进屋子里，心事重重。他走到爸爸面前，吞吞吐吐地说："有件事我需要告诉您……不是什么坏事，可是……我不太想说。"
>
> "没关系，彼得。"爸爸回答道，"你用不着什么事都告诉我。有些事情你自己知道就行了。我也没有把什么事都跟你讲啊。"
>
> 彼得似乎解脱了一点点。但他还是在屋子里跟着爸爸转。终于，他说，"我想还是告诉您的好……"
>
> 彼得就是没办法把事情独自搁在心里。

没法保密可能是因为体验到了分离的焦虑感，认为秘密会把自己和爸爸妈妈、兄弟姐妹分开。对年幼的孩子来说，向父母保密会导致与父母之间的一种奇怪的关系：一方面，保守秘密会使人强烈地感到自己与另一个人之间的紧密联系；另一方面，因为它具有感情上分离与独立的效果，保守秘密又令人感到关系疏远。这种效果，从我们童年时代经常发生的那些不起眼的秘密体验中就不难发现。

> 在我家以前的房后有一个旧棚屋，我在里面松松的地板下藏了一摞杂志。棚屋的地板有些松动，还有许多洞眼……我藏的不过是些卡通杂志而已。但当部长的爸爸绝对禁止我读卡通故事。那是我记忆中的第一个秘密。我常常去棚屋悄悄地阅读那些杂志，自然，我得保持警觉不让任何人，爸爸或者妈妈发现。就是现在，当我重温那个时刻，我依然为我的秘密杂志感到激动不已。它们属于我，是我的一部分，是我过去自我的一部分。我对父母有些许怀恨与报复的心情。他们凭什么要禁止我读那些在我看来毫无害处的东西呢？！

这是一个小女孩对父母不合理的规定感到非常苦恼的体验。她藏卡通杂志的秘密本身就是反抗与独立的表现。在构筑这一秘密世界的过程中，这孩子做了以下几件事情：她在质疑父亲命令中"绝对禁止"这个概念的有效性；通过拥有与家庭价值观相悖的东西，她在重新定义她与家庭的关系；她感到这种反抗性的秘密行为确认了某种自我意识；她似乎在测试违反父母的禁令会带来什么后果——确实，对于一个孩子而言，他根本不可能意识到，做被禁止的事情究竟会不会带来意想不到的伤害。

当然，并非所有的秘密都是刻意的。更多的情形是由于日常生活中相互之间存在更微妙的因素而引起的：男人对妻子烦人的行为恼火时，做儿子的看到父亲与别的女人鬼混时，做朋友的很想自己单独待一会儿又不想直截了当说出来怕伤害别人的感情时，等等。这些数不清的小秘密存在又消失，我们很少会留意。但是，这些秘密也塑造并丰富着我们与他人之间的关系。

语言和秘密体验

我还记得自己是怎样与她争论的。她是我最好的朋友，我们总是相互分享秘密。但是有一次，我受到了伤害，因为她不告诉我她的秘密，我感到怒火在心中翻滚。但经过我的乞求，她终于告诉我谁是她喜欢的男孩。她真的迷恋他，他也迷恋她！我激动得尖叫起来。

"别告诉任何人。"她说，"你是唯一知道这事的人。"我也答应绝不跟任何人讲。

第二天，我见到另一个朋友。我本想告诉她这个新秘密，我的好友心中深藏的那份浪漫。但我却紧紧地并拢了双唇，因为我担心话语会像鸟儿冲出不小心打开的笼子一样脱口而出。

整整一个星期的时间里，我都把这个秘密搁在自己的心里。每次同别人讲话时都紧张兮兮的。我很想把这个我知道了，但是不能告知他人的秘密说出去。

后来，当我与另一个朋友交谈时，这个秘密突然不经意地像泉水般喷涌而出。我详细地向她描述了我好朋友的爱情秘密。她听后眼睛睁得大大的。

讲完后，我叫她发誓保密。我感到轻松多了。所有的压力都消失了。但是内心里我感到愧疚，因为我背叛了自己最好的朋友。

语言和秘密之间有什么联系吗？在上述故事中，我们感到很难克制自己不将秘密通过语言的方式表达出来。而且要控制自己不说话也很难。

当我还是个小女孩时，我就知道自己很特别，因为我的名字叫温迪（Wendy）。我知道有那么一个夜晚，彼得·潘（Peter Pan）①会来到我的窗前。我的秘密就是：我已经决定跟他走，去不了岛（Neverland）（我已经知道路线：从第二颗星右转，然后一直向前走到天明）。

每天临睡前，尤其是当我亲一亲爸爸并向他道晚安时，当妈妈帮我盖好被子时，我都清晰地体验到自己的秘密，那种心里藏着什么事的感觉。在那一刻，我十分清楚自己在向他们隐瞒什么。尤其是妈妈每天照例把窗户打开一点点让夜晚的新鲜空气进来时，这种秘密体验被更加强化。妈妈总是在离开我的房间时，把窗户打开几英寸，这使得我在心里忍不住地微笑，因为妈妈一点也不知道打开的窗户意味着什么：正是从这扇窗户，我和彼得·潘将飞向不了岛。

我的秘密让我觉得自己很特别、很勇敢、很独立——这不仅仅是因为我的秘密所具有的独特性质，而是因为我感到自己很强大，我深信自己能够保守这个秘密。我清楚，与人分享的话，就会毁坏这个秘密。说实在的，即使现在我都真的不太想与你们分享这个秘密。

这个故事中所使用的语言和我们平时所熟悉的儿童故事中的语言是一样的，这种语言在孩子的心里种下了体验秘密的可能性。故事中重点描述了一种介于醒来与睡着了之间超凡的空间特征——去睡觉就像是暂时离开一下，把日常的世界抛在身后，去到一个迷人之所，那里不同于白天清醒时的体验。敞开的窗户和它可能带来的冒险体验，与温迪每天入寝时惬意的遐想形成对照。窗户通往未知的世界，是悄悄从这个具体的、熟悉的世界消失的通道。敞开的窗户放进来一丝象征性的清新空气，使温迪放心，知道自己不会被日常生活中可能发生的一切所窒息。又有一种承诺存在，一个未来的人从这儿进入她等待已久

---

① 童话故事中的人物。 ——译注

的生活。这扇窗户通往超越现实世界的秘密之所，而温迪能从自己睡的床和家的方位来想象它究竟会通向何方。这个秘密是如此的迷人和充满魅力，因此她觉得自己不能向任何人泄露。因为她有那么一种感觉：一旦秘密泄露，彼得·潘就永远也不会出现在她的窗前了。

> 大概是 7 岁，我和一群孩子在住宅区内玩"牛仔与印第安人"的游戏。这个游戏中，总是有两个队，互相用自制玩具枪"射击"和"俘虏"对方。
>
> 我记得，有一次，我们队的一个大男孩建议，编个故事诱使对方离开他们的堡垒，这样我们就可以突袭他们的堡垒并轻而易举地攻击他们。故事经过了精心的编造，目的是让"敌人"上当，令他们认为能发现我们的宝藏。我并不完全理解我当时听到的，但我认为这是个绝妙的主意。带着这样的目的去接近敌人，真是个美妙的秘密计划。
>
> 我们与敌人接触，提出一起讨论讨论。计划订好了。可是敌方的队长马上说："我知道你们想干什么。你们想使我们上当。这是个秘密圈套。"
>
> 我很吃惊。对于我还难以理解的这么一个可能的计谋，他怎么马上就这么肯定地知道了？一会儿之前，我想都想不到的东西，他怎么这么清楚？他甚至知道管它叫"秘密圈套"。

"秘密"这个词能激起人们的好奇心与注意力。一提到"秘密"，我们都竖起耳朵来听。"秘密"存在于各种各样有趣的语境中。比如，"秘书"就是指那些被授权处理机密的、秘密的或私人事务的工作人员（公证人、职员或官员）。保险柜就是指存放私人物品或秘密文件的家具或柜子。

许多与秘密有关的俗语表达了保守秘密的难度。泄露秘密用"to let slip, to spill, to reveal, or to divulge"。无意中走漏了秘密叫"letting on"。"betray"这个术语来自拉丁语 *tradere*，意思是"传递、投降、给予"。它与其他一些俗语一样，都有道德方面的含义，诸如我们听到有意泄露秘密时用"to tattle, blab, squeal, squeak"。告密者被称为"informer, a fink, narc, squealer, stool pigeon, talebearer, tattletale, tattler, snitch"。与秘密相关的词组也很多，比如，"no snitching here!"(不许告密)"don't tell tales (on others)"(别泄密)。

另外，秘密还有许多种非语言的表达形式。有时人们会要求我们保守某个秘密，并且为此作出承诺，这种要求的提法往往都很微妙。从人们说话的语调我们就能知道，他们告诉我们的事情是不可以泄露给别人的，我们也不需要作出明确的承诺。某些社会风俗具有同样的效果。"Sub Rosa"(玫瑰下)这句俗语意思是"秘密的"。玫瑰是古代人秘密的象征。例如，丘比特(Cupid)用玫瑰花贿赂缄默之神哈波奎迪斯(Harpocrates)，请他不要泄露爱神维纳斯(Venus)的韵事。于是，主人把一朵玫瑰花悬于桌上，就成了一种无声的提醒，让客人知道在玫瑰花下所说的话都需要保密。

学童们也一样，他们很快就会知道有些信息是不能轻易泄露出去的，比如，他们知道不能出卖同伴。泄露秘密所具有的道德内涵从"to squeal, to squeak, to blab"(长长地尖叫，短促地尖叫，喋喋不休地讲)等词语中可以看出来。这些词语最初的含义是对野兽般的或孩子气的声音的模仿。也可以从重复性地使用"ta"这个音节中看出来泄露秘密所具有的道德内涵，诸如"to tattle, to tell tales, to talk idly"(透露)，意思是讲述或不经意地谈论，传递或重复某人偷听到的或别人悄悄告诉的事情。有时，年轻人中的这种说长道短看来通常是由某种令人激动的气氛引起的，这种激动也许是由低热感染引起，但这种感染最终都会消退。这种现象也可能出现在一群激动的小孩子当中，他们谈话的声音越来越高，因为不这样的话，他们就听不到自己的声音了。这种议论别人的气氛，有时候我们在成年人当中也遇到过。尽管有不道德的成分，可能我们很多人会承认在这种闲谈中有过某种快感。尽管议论别人与说长道短一样具有冒犯别人的可能，由于不是有意的，常常也就淡化了不道德的因素。

泄露别人托付给你的秘密是一件令人讨厌的事情，因为这反映出一个人性格方面的不成熟。对友谊而言，最可怕的事情不是朋友的死亡，而是自己的隐私、机密和秘密被朋友出卖。死亡不会令友谊终止，而背叛常常更令人痛苦，并且背叛绝对会意味着友谊的结束。同样，背后议论是泄密（出卖秘密）和形成（扭曲）秘密的一种形式，因而通常不受人尊重。我们普遍感到议论别人就像一个年幼的孩子缺乏自我约束和个人尊严一样。而且，闲言碎语般的诽谤或诬蔑有时带有憎恨的因素。尽管背后议论的人津津乐道于一些无害的消息，却也难免有讲别人的坏话之嫌，这一点是人们不能接受的。确实，诽谤别人的人常常背叛了自己；他们通常语速很快，身子前倾，用一种鬼鬼祟祟的语调说话，偷偷摸摸地瞥一瞥四周，知道自己随时可能被打断。

奥秘、困惑、谜语、神秘等通通都与秘密的现象有关。根据克莱因（Klein）词源词典，"神秘"这一术语起源于早期的希腊语，意思是"秘密的仪式"。希腊词根字面上的意思是"合或闭"，尤其指眼睛和嘴唇的闭合。民间传说、传奇和神话中有很多关于秘密的故事。比如，摩墨斯（Momus），谴责与讥讽之神，性格很有趣。他要求朱庇特（Jupiter）在人类的心脏里放置一面镜子，在胸腔上开一扇小门，这样，人们真正的个性与秘密就人人皆知了。最明确的有关秘密的寓言可能是潘多拉（Pandora）的故事。她是火神 [Hephaestus，宙斯（Zeus）和赫拉（Hera）之子] 用黏土创造的第一个女人，由于诸神的帮助而日臻完美。维纳斯赋予她美丽和康复的技艺，阿波罗（Apollo）给予她唱歌的能力，雅典娜（Athena）赠给她饰物和女性的技巧，默丘利（Mercury）赐福她具有说服力的辩才，而宙斯嘛，给她一个封好的美丽的匣子，但禁止她打开。宙斯设计把潘多拉送给普罗米修斯（Prometheus）和他的弟弟厄庇墨透斯（Epimetheus），作为对他们私自从天庭偷火给人类的惩罚。潘多拉无法摆脱想找出匣子里的秘密的欲望。当她好奇地打开匣子时，她无意地放出了所有的瘟疫与邪恶，这些东西从此与人类为伴。当潘多拉急急忙忙地想把盖子盖上时，只有希望（Elpis）落在后面，因而待在匣底。不幸的是，瘟疫扩散到了世界的各个角落。现在，当这些邪恶的灾难比如疾病、妒忌、恶意、腐败、报复、仇恨等给我们带来各种各样的痛苦煎熬时，只有希望从来没有完全离开我们。

潘多拉的故事让我们认识到秘密在人类生活中具有令人难以置信的力量和意义。秘密一旦被泄露便永远无法收回了。有些秘密是我们希望永远不要知道的。然而，从潘多拉身上，我们知道人类具有一种难以抗拒的去发现秘密的欲望。

第 3 章　我们是如何体验秘密的？

拉丁语中，秘密意味着"分开、分离、区别"。

——欧内斯特·克莱因（Ernest Klein）：《综合词源词典》

（*Comprehensive Etymological Dictionary*）

秘密不仅指那些藏在我们内心深处的东西，也可指那些我们只愿意和某些人分享的东西。我们也可以通过周围的一些事情体验秘密，比如，秘密的藏身处、通道、衣柜、过道和活板门等。想一个人独处时，我们可以找到秘密的地方；抽屉、箱子、柜子、衣橱里都可能有我们的秘密空间；我们也可能会有自己的秘密物品、秘密宣言、秘密发现和秘密仪式，这些秘密对于拥有者都具有特别的意义。

秘密的藏身处和过道

在我四五岁时，我在一堵凸出的墙边的一个储藏箱底下找到了一个狭窄的秘密空间。我有时会一个人在这里坐上好几个钟头，根本不管外面发生了什么事情。在这里，我可以做白日梦，也可以想象另外的世界在发生什么。我愿意躲在这里，为什么呢？　我自己也说不清是什么把我吸引到这个地方来的，或许是那一堵墙后的秘密空间，或许是我充满童趣、好奇和幻想的内心世界。

有一天，我又坐在那里。妈妈突然喊我的名字，虽然她离我不过几步之遥。我的第一反应是想从底下走出去，但不知为什么，我却没有说话。或许是我不想暴露自己的这个秘密地方，而且我也想检验一下我这个秘密之所的力量。突然，我觉得这个带给我幻想的秘密之所变成了一个令我兴奋的藏身处。

听到妈妈一直叫着我的名字穿过了整座房子，我有一种莫名的激动，因为我把自己隐藏得如此不露痕迹。最后，我很快离开了那个地方跑到妈妈身边，妈妈当时已经上楼了，但我并没有告诉她我刚刚在哪儿。

找一个藏身处是一种典型的秘密体验。我们故意躲在那里，让别人看不到自己。那么，是不是我们为那些神秘的大厦、房子乃至金字塔所设计的隐蔽入口和房间，也源于我们童年时代的这种秘密藏身处的体验呢？在很多社会里，教堂、庙宇、堡垒以及一些古建筑几乎都有隐蔽的入口（如滑门、带铰链的活板门、可移动的嵌板等），甚至还有幽深空旷的大厅、昏暗的拱形屋顶、黑漆漆的地牢、陡峭的深渊和蜿蜒曲折的过道。

身为新教徒（protestant）的英国伊丽莎白女王（Queen Elizabeth）和她的后任詹姆斯国王（King James）在位时期修建过一些藏身处（hiding places）和逃离的通道（escape routes），这是人们体验秘密的一些独特的历史例证。由于害怕天主教神学院学生的起义，惧怕罗马天主教的影响，伊丽莎白女王曾经通过了一项法律，禁止英国的天主教徒举行其宗教仪式，违反者将被处以罚款、没收财产，甚至判处死刑。另外一项法律则规定，任何试图说服新教徒皈依天主教的神职人员（priest）将被判处死刑，同样，任何敢冒大不韪皈依天主教的人也将被处以死刑。

然而，这些措施似乎都没有能阻止狂热的天主教信徒们的热情。1580 年，在罗马建起了一所特别的神学院，1586 年，又在比利时佛兰德的杜埃（Douai, Flanders）建起了一所神学院，旨在专门培养一批英国牧师，这些牧师的使命就是说服新教徒重新皈依天主教。尽管由亨利八世（Henry Ⅷ）创立的英国教会（the English Church）已经存在了半个世纪，但是很多英国人仍然秘密地同情罗马教会。为了鼓励这种亲天主教的（pro-Catholic）趋势的发展，乔装打扮的牧师趁着夜色在荒凉的英格兰沿海地区上了岸，有些助手在那里接应他们。牧师们对在当地有势力的家庭（influential households）挨个儿进行了拜访，他们和那些忠实的信徒一起举行圣餐和祭祀仪式，对那些犹豫不决的人进行布道。① 当然，这些反对改革的（counter-reformist）牧师时时都处在被人发现和追捕的危险之中，因为当时有些专门追捕牧师的激进组织。 事实上，英国的第一个特务机关（secret service）就是为了这样的目的由伊丽莎白女王的大臣们建立的。

人们在家里建了一些隐藏处为牧师们提供庇护，牧师们可以从这些地方潜入暗室，或躲进空的壁炉架，或藏到地板下面。然而，特务机关的侦探们也很有几手，他们善于估计墙壁的厚度，可以通过回声找出空洞，可以轻而易举地把遮盖物掀掉，总之，他们几乎能找出牧师们能想到的任何藏身之所。为了更好地保护牧师，几位耶稣会会士（Jesuits）在接受了特别的训练之后，在英格兰各地乔装活动，专门为牧师们建造高质量的藏身之处。尼古拉斯·欧文（Nicholas Owen），绰号小约翰（Little John），当时就是其中的一员。据说他在英格兰建的藏身之处比其他人都要多。② 他往往把藏身之处建在人们最意想不到的地方，并且建得非常隐蔽，他也因此而出了名。他不仅是一位技艺高超的工匠，同时也因为他的"守口如瓶"（silent tongue）而受到人们的信任。实际上，藏身之处不仅仅应该建在隐蔽的地方，而且它的建造者和使用者也应该是不被外人所知的。

有时候，如果追捕人员认为牧师藏在某个房子里，他们会不惜把整个房子翻个底朝天。杰勒德（Gerard）神父当时也是一名牧师，他这样描述了自己 1594 年遭追捕的情形，当时他躲在一所名为布莱多克斯（Braddocks）的房子里，两名追捕官员（searching magistrates）将前门打

---

① 请参见 Fea（1908）和 Errand（1974）。两书中都含有很多老式房子的照片，在这些房子里有很多秘密藏身之所。就在最近，在英国一些古老的大楼里发现了一些为牧师而设的秘密孔洞。

② 请参见 Errand（1974），pp.16-20。

破了，把房子的女主人和她的用人（他们中有人是忠实的罗马天主教信徒）全部锁了起来，然后举着蜡烛搜遍了房子的每一个角落，甚至连屋顶的瓦片也不放过。[①] 结果什么也没有发现，于是他们开始用棍棒测量墙壁的厚度，仔细地探听墙壁和地板发出的回声，砸开所有他们觉得可疑的地方。杰勒德神父说："他们花了整整两天的时间，但什么也没有发现。"他们只好离开了……后来，有一个用人告密，他们又回来了，比先前更为仔细地搜查了房子的每一个角落，他们扯掉了墙上所有的遮盖物，撬开了所有的地板，并且在每一个房间里都驻守了卫兵，防止人员逃走。杰勒德神父静静地蜷缩在他的藏身之处，那是楼上的一个壁炉，壁炉的底部是用砖头和木板砌成的，他就躲在壁炉的下面。有天晚上，卫兵们还在壁炉里点起了火，那火就在他的头顶上，但是他忍住了，否则的话，他就被发现了。卫兵们还真的发现了另一处藏身之所，里面是空的，不过这正是上次搜查的时候杰勒德神父藏身的地方！四天以后，搜查者们失望地离开了，杰勒德神父出来了，"由于在这么狭窄的地方坐了那么长的时间，他已经非常憔悴和虚弱，并且饿得发慌、昏昏欲睡"[②]。

秘密藏身处的主要功能是给人提供庇护，同时，它也可以给那些想要遁离外部世界的人提供安全的隐蔽之所。藏身处也许就是秘密存在的最简单的例证。在这里，人们可以避开别人的眼光，从而获得一种安全感。有时候，家就是这样一个场所；当然，家并不仅仅是一个避开人们眼光的地方，家还能带给人们亲切感、舒适感和其他一些玄妙的秘密。

可以隐遁的秘密场所

在我大概 12 岁的时候，我找到了一个奇怪的神秘之所。我记

---

① Fea（1908）在其著作的第 43—52 页中概括和引用了杰勒德神父的描述。

② 同①，p.52。

得当初的情形是这样的——那是 2 月的一天，我被困在了家里，而且还有一大堆的事情等着我去做：扫地、洗衣、熨烫衣服。爸爸妈妈经常打架，哥哥说话粗声大气的，很烦人。和他们生活在一起，我觉得很压抑、很不受器重。我想找一个地方摆脱这种嘈杂和不和谐的环境 (blare and chord)，我需要一个安静的地方。

于是我离开了家，虽然我当时并没有打算要离开家。我走到了树林里，过了一会儿，我就意识到自己从来没有在冬天走出这么远。当时天气出奇地暖和。"一定是要化雪了，"我心里想。然而周围死一般的寂静，白雪覆盖着一切，无声无息的。

突然，我在冬日的树林里看到了一线绿色 (a flash of green)。在无边的茫茫白雪之中，在光秃秃的灌木丛里，林子里的空地上居然还长出了绿色的嫩芽，开出了娇小的花儿！我朝着这个地方走去，我闻到了清新的泥土气息，还有白雪将融的湿气。一束阳光透过头顶的树枝照到我的衣服上，我觉得温暖起来了。这种温暖使我情不自禁地躺到了雪地上。

我静静地躺在地上，周围到处是潮湿的落叶和松针。我觉得这是我可以待的地方。松软的泥土和那些手指状的小花让我感到很自在，很放松，忧伤不知不觉地离我而去了。我哭了起来。慢慢地，我觉得自己心中的杂念都被清除得无影无踪了。在这一段静静的时光里，一切都是那么完美，就好像它们没有被破坏时的样子。我觉得自己属于这里。在这个神圣的地方，我能创新地发现自己，使自己有所作为，使自己陷入沉思。

我不知道自己在那儿待了多久，我只记得自己一点也不想离开。我害怕自己以后再也不可能在林子里找到那样一个秘密之所了。事实上，我真的再也没有找到过。

这样的地方之所以能成为一个人的秘密之所，就是因为它神秘、朦胧、可变，人们在这里体验了秘密，体验了自我。在这里，人们的内心世界和外部世界融为一体，这是一个独特的私人空间。在这个秘密之所，人们觉得安全、隐蔽，人们在无限地接近心中真实的自我；在内心深处，我们熟悉自己，并且对自己很有亲近感。① 在上面这位回顾自己经历的小姑娘看来，林中的绿地好像能和她对话，能让她觉得这是一个完全属于她的地方。在这里，她可以发现秘密的自我，能够体验自我（own-ness）的那种神秘感。② 在这里，她可以远离他人，完全封闭和沉浸在生活的神秘之中，这是她自己的生活。

现在我们可以理解秘密之所的独特之处了，如果我们是迫于压力和威胁，或是为了逃避好事者而不得不找个藏身之处，那么感觉就会大不相同。只有这样的地方，才会有真正的独处的体验，才能意识到真正的自我。对小孩子而言，这样的地方可以是自己的卧室，也可以是家里的任何地方，只要能独处、不被人打扰就可以了。这是一个能够让人们找到宁静与平和的地方。加拿大著名作家玛格丽特·劳伦斯（Margaret Laurence）在她的一本小说里描写了一个小姑娘，名叫瓦妮莎（Vanessa），她觉得周围的一切都杂乱无章、变化莫测，她只好对周围的事情进行分类和选择，她很想知道自己到底与身边的哪些人有密切的关系。

> 我回到自己的房间里，和我身边的影子一起躺下了。听着夜晚的低语声，这个房子里总有一些莫名其妙、找不出来源的声音——可能是椽子和屋梁在干燥的空气中收缩的爆裂声，也许是躲在墙壁里的老鼠发出的声音，也有可能是从破烂的天窗里飞进阁楼的小燕子……
>
> 屋子里有很多秘密的地方，如楼梯底下陈旧的旮旯、布满灰尘的地道、废弃不用的壁龛等。房子中央堆放着一些破旧的油画，都快顶到椽子了；还有很多装满过时衣服和旧影集的大木箱子。但我知道，这些看不见的秘密之处曾经是属于某些人的，他们中间有

---

① 可以把这种有关秘密地点的现象学与 Langeveld（1983）有关空间的教育学描述加以比较。Langeveld 有力地描述了窗帘后面、桌子底下、阁楼上面，或者任何孩子们用来躲避他人、独自相处的空间。

② 同①。

老的，也有少的，他们原来住在这座房子里，不过他们已经死了……①

　　那些熟悉秘密之所的独特之处的人们可能会想起类似的童年经历。有时候，我们想要远离他人，逃避生活的喧嚣。很多孩子好像都在不时地寻找这种独特的梦境一般的心情。因此，这个秘密之所就会变成孩子们的避难所（asylum），他们会体验到日益强烈的自我意识（self-awareness），这种意识将影响他们的精神生活。事实上，如果孩子们把自己的秘密之所看成一个神圣的地方，那么他们的精神也会得到净化。在我们的内心深处会有一种神圣的冲动，一种实现自我的自由发展（free formation）的冲动，这是一种自我存在和自我发展（personal being and becoming）的体验。"神圣的"一词源于拉丁语中的 *sacrare*，意思是"使……神圣"，"把……看得神圣"——而这种神圣其实也是秘密的一种。奥地利诗人里尔克（Rilke）是这样说的：

> 爱，是造物主的恩赐，
> 围绕在孩子的身边。
> 总是秘密地将他出卖，
> 并承诺给他一个
> 不属于他的未来。
>
> 有些下午，他一个人待着，
> 盯着镜子中的自己，不停地呼唤自己的名字：
> 你是谁？你是谁？
> 有人回来了，他感到非常伤心。
> 昨天，窗棂、小路，还有散发着霉味的抽屉好像都要向他倾诉，

---

① 请参见 Laurence（1978），pp.34 – 35。

然而，这些淹没和破坏了这种意境。

他又回到了他们之中。①

(Love, the possessive,

surrounds the child

forever betrayed in secret

and promises him to the future;

which is not his own.

Afternoons that he spent by himself, staring

from mirror to mirror; puzzling himself with the riddle

of his own name: Who? Who? —But the others

come home again, overwhelm him.

What the window or path

or the mouldy smell of a drawer

confided to him yesterday: they drown it out and destroy it.

Once more he belongs to them.)

里尔克巧妙地把孩子们所经历的那个世界（sphere）的复杂性展示了出来，在那个世界里，孩子们对自己的存在（being）、自己的身份（identity）和自己的定位（orientedness）产生了一种迷惑和好奇，把这一切都置于一个开放的、不确定的未来中。这个世界向他们提供了一种体验存在、白日梦、情感、好奇、感悟的机会。房子里的某一个角落让他们体会到了一种模糊的秘密之感，使他们能够获得一种充满了创造激情的宁静，也让他们可以接近那个亲切、熟悉但是秘密的自我。② 成年人有时也渴望有这样的秘密空间，甚至还会不惜冒险去寻找一种

---

① 请参见 Rilke（1982），p.265。

② 这种"模糊"观念是 Langeveld（1983）通过观察孩子们对某个秘密地点的体验所具有的教育价值而得出的。

独处的机会，以便继续那个自我创造的过程（a self-creating process）。

秘密的房间、抽屉和箱子

我的祖父母有一张很大的拉盖书桌（a roll-top desk），这张书桌有很多个抽屉，还有一些秘密的空当和储藏空间。这些凹槽、接榫、抽屉和插口里，好像都有着某种秘密的代码，因为当你要打开某个地方时，你必须首先拉动某个隐藏的握柄，或是依次打开某几个抽屉才行。最小的抽屉就很巧妙地隐藏在一块面板下。（我都不禁要问，是不是还有些空间没有被发现呢？）

最好玩的就是这些抽屉和储藏处里收藏的东西，比如一些古怪的旧玩意儿、旧钢笔、小刀、动物的硬毛、照片、铜板、链子、别针、小件工具、旧本子、神秘的小盒子、像章、梳子、眼镜、小饰品、电子元件、小配件、干裂的水管以及各种各样有着神奇作用的随身用品。每次我去看祖父母时，都被这张书桌所深深吸引着，要花上好几个小时待在那间备用的客房里，把玩和探查那张旧书桌里的宝贝。虽然我从没看见祖父母用过里面的东西，但我能感觉到这个旧桌子是他们生活中一个不可缺少的部分。我总是小心翼翼地把一个抽屉里的所有物品都看个够，然后才去看另一个抽屉，渐渐地，我对书桌上的那些钩子、抽屉以及空隙处有了一种奇怪的熟悉感和亲近感。最奇怪的是，当我过几天又去打开同一个抽屉（至少我记得是同一个抽屉）时，我又能找到一些自己以前没有发现的新东西。看来，那个大桌子里总在发生着一些意外的事情。

有一天，祖父母搬进了老年公寓，那张旧桌子从此就从我的生活里消失了。我却经常想，桌子会怎样呢，里面的东西会怎样呢。很多年以后，我还是向妈妈打听起了那张桌子的下落，她一脸的迷惑，也没有把我的问题当回事。她是真的不知道？还是她不愿意告诉我呢？

桌子、抽屉和柜子不仅让我们能够收集、整理和安排自己的一些家当，也给了我们一种体验，"我的桌子"、"我们家的柜子"——这都给了我们一种体验亲密空间的机会，这是一个家庭及其成员内部的一种空间，是一个"不会向任何外人开放的空间"[1]。对一个幼小的孩子而言，这样的桌子或抽屉会给他一种从内心体验家庭亲情的机会，让他体验一种独特的、生动的秘密。因为在这些地方隐藏着整个家庭的一些秘密的回忆：爷爷、奶奶、爸爸、妈妈，也许还有叔叔和姑姑的秘密。当然，这些盒子和抽屉里的秘密也完全有可能是消极的、可怕的和不吉祥的，像潘多拉的盒子。我们小心地将它们打开，充满着好奇，但又很谨慎地防备着，生怕潜伏在里面的恐怖的东西会突然跑出来，也害怕里面的那个奇异小人（jack-in-the-box）会突然跳到自己身上。我们能够对付自己打开盒子时可能见到的那一切吗？是不是我们也会像打开了潘多拉盒子一样，要经历很多的悲伤和不幸，然后要为自己打开了这些秘密而后悔和遗憾呢？

我总是盼着妈妈出门，因为只有她不在家时我才能去她的卧室里翻他们的抽屉和柜子。我非常想知道妈妈年轻时候是什么样子，也非常想试试她的口红、珠宝和衣服在我的身上是什么样子。我每次都会很小心地把一切都恢复原状。当然，我知道这样窥探是不对的，我也知道我可以趁妈妈在家里时做。但是抽屉里的那些东西真是有令我无法抗拒的力量，因为它们不仅让我能猜测过去的一些事情，也让我能想象将来。

有一天，我在翻衣柜时发现了一本书，书名为《正常成年男女的性生活》（*Normal Adult Male and Female Sexual functioning*）。我还从来没有见到过类似的逼真画面。书中对性交有非常具体和详细的描述，而且还配有图片。我心里觉得很沉重，急忙把书塞进自己的床垫和弹簧之间，只要有时间，我就会把书拿出来看。

---

① 请参见 Bachelard（1969），p.78。

　　我一直没有想过要把书放回原处，有一天我走进自己的卧室，却发现那本书就摆在我的床上，一点也没有遮拦，我觉得非常害怕。我当初并没有想到这个地方不合适，因为妈妈会更换床上用品。我赶紧把书放回了原处，心里充满了各种期待，也许妈妈会把整个事情的前因后果都想象出来。令我欣慰的是，我见到妈妈时她并没有要求我作什么解释，她也许从我的眼里看到了我的恐惧。我们什么也没有说，但是我们从彼此的眼神中可以看出，"我知道你知道了，你也知道我知道了"。她嘴角浮起的淡淡微笑告诉我，这没有什么关系。

　　就这样，一个小姑娘知道了成为一个女人所需要的并不仅仅是珠宝和衣服。从某种意义上说，她了解了一些关于她自己的东西：她隐藏着女性的性特征。当然，这个秘密最有意思和最具有象征意义的方面就在于那种环境，她是在妈妈的东西里发现的：隐藏的性特征、藏在柜子里的秘密。她开始本能地了解到这是女人成熟的一个重要方面，她还需要花时间来体验。所以，她现在还只能把这种发现当做自己的秘密；实际上，妈妈"发现真相"之后也觉得非常内疚和羞愧。妈妈究竟发现了什么呢？她所发现的不仅是藏在床垫底下的那本书，而且还有她的女儿的一些秘密。她更了解她的女儿了，她知道她的女儿正在慢慢成长为女人。女儿也从妈妈的秘密中觉察到了自己的成长。这不禁使我们想起了弗吉尼亚·伍尔夫（Virginia Woolf）说过的一句话："我们通过我们的母亲回顾过去。"[1]

衣柜和壁橱里的空间

　　当我还是一个孩子的时候，我总喜欢坐在一个亚麻织品做的

---

[1]　请参见 Woolf（1929/1967），p.114。

衣柜里。柜子里面有一个很大的架子，刚好够一个八九岁的孩子抱膝坐在上面，周围都是叠得整整齐齐的床单、毛巾和枕套之类的东西，很舒适。柜子里有灯，我总是把灯打开，爬上架子，关上门，然后坐在里面看书。

虽然家里人都知道我在用那个柜子，但它仍然是我的秘密之所；而且，爸爸还用硬纸板给那个亚麻衣柜的门做了一个标志，上面写着"罗斯的家"（Chez Rosie）。在这个柜子里，我可以想象自己进入了一个完全不同的世界，那个世界就是我所读的书带给我的。

为什么有些家具——如柜子、抽屉、衣橱等——能如此容易地带来秘密的体验呢？因为这些地方不仅可以使我们忘记此时此地（here and now）正在发生的事情，而且还会使我们发现某种秩序、某种气味以及我们亲近的人的一些生活细节。我们通过这一切来体验那些属于我们家的独特习惯和风俗。实际上，对这种独特秩序的体验就是对我们家庭气氛的一种体验。

而且，我们在衣橱和碗柜里还可以找到一些更重要的东西：我们体验到了空间这种现象本身。柜子里的空间总是和整个家庭的亲密气氛紧紧相连的。难怪柜子总是被人们称做秘密的象征（images of secrecy）。① 在发现和重新发现壁柜或衣橱里的事物的过程中，我们也会想起过去的一些秘密和回忆，也许这是一段令人觉得恐怖的往事，我们的家人也许已经去世了，但他们依然还活在我们的心中，经常还会在梦境中把我们唤醒。在发现壁橱内部的东西的过程中，我们也发现了自己的"内心世界"（our own inside）。②

老式的衣柜现在并不是每个家庭的必备之物，现在的房子相对较小，因而容不下老式衣柜这样的庞然大物，也配不上那种雕花的面板和厚重的玻璃门。现在的许多房子里建的都是内嵌式的壁柜和现代化的

---

① 请参见 Bachelard（1969），pp.74 - 89。

② 请参见 Cixous（1994）。

储藏设备，因而不再有老式衣柜带给我们的那种神秘感了。然而，孩子们还是可以通过故事来丰富自己关于壁橱和秘密的想象。北美洲的许多孩子都读到过或听人讲起过神秘之地纳尼亚（Narnia）的故事，这个神秘之所只有在衣柜里才能找到。[①] 他们知道抽屉、衣柜和箱子里的秘密之所以能够让他们进入另外一个世界，体验另外的时空，体验另外的生存方式。

秘密的宣言和想象

我还能很清晰地记起小时候家里吃早餐的情景：蓝色盘子里放着鸡蛋，黄色的蛋黄都快要流出来了，还有喷香的烤面包。这都是我所熟悉的。我喜欢看那些洗得干干净净、闪闪发亮的刀叉，喜欢家里那种红白相间的格子台布，喜欢听冰箱发出的轰鸣声，那声音就好像是一个巨大的白猫发出的鸣叫。

爸爸是个高高大大、肤色黝黑的男人，他总是把一叉食物高高举起送进嘴中，他的脸显得有点松弛，手上裂着很多口子，而且沾满油渍，确实，机修师傅的手上总有油渍。吃饭的时候，爸爸老是说个不停，妈妈也总是说话。他们的话语停留在空气中，如同一床厚厚的毯子把我裹住。姐姐也坐在那里，她吸果汁时很小心，就像一只棕色的小鸟在取食。

我们家厨房的墙壁是黄色的，安着门的那一面墙上总是映射出灯光和阴影。门通常都是关着的，在门上，我总能看到一个灯光映出来的影子，我把他叫做：门上的人。他比我爸爸的年龄大，坐在一条高靠背的椅子上，侧着身子对着我。我看不清他的面容和衣服，他就是一个总是坐着不动的阴影。

我现在也还能记起那个奇怪的影子，好像他现在就在那里：他

---

① 请参见 Lewis（1950/1980）。

知道我，我也知道他。但他从来没有把脸转向我，只是侧身坐着，灯光射在门上，也照在他的身上。现在我虽然不觉得害怕了，但是我还是很敬畏这个人，只有我才看得见他，我不用张口就可以和他对话，而他不用眼睛注视就可以看见我。我并没有真正把他当做朋友，但他却成了我生活中十分自然和真切的一部分，真切得就像邻居庭院里那棵枫树婆娑作响的绿色冠盖，也像我在上学路上的茅草丛里捡到的那个饮料罐，还如同我朝电话线杆扔过去的小石头。

妈妈和爸爸还在一个劲地说话，我几乎没有听清楚他们在说什么，因为我完全沉浸在和门上的人的秘密对话中。这时，一辆汽车从窗外开过，开往另一个街区，嘈杂的声音渐渐远去，桌面上的玻璃折射的光线缩短了门上的影子，扭曲着它的形状，门上的影子颤动了几下，很快就不见了，后来又闪现了一下，然后又慢慢地消失了。门上的人不见了，我这才想起了家人。我真切地听到了爸爸妈妈的谈话，我的目光也从黄色的墙壁上移到了盘子中的蛋黄上。我很快就把早餐吃完了。

有时候，秘密好像还会存在于其他方面。生活中究竟有什么东西是真实的呢？毫无疑问，墙上的那个"影子人"（Shadow Man）是虚构的，但这个孩子却真切地体验着和他的沟通。故事中，孩子的感觉是非常形象的，"影子人"所生活的那个王国无疑只有通过感觉才能被觉察到，而且必须十分专注才能见到那个"影子人"。我们能不能就此说秘密存在于日常生活的影子里呢？或者我们可不可以认为门上的影子实际上就是我们内心无止无休的运动的反映呢？是不是内心的秘密虽然是看不见的，却可以通过外部世界中为我们所熟悉的事物来反映呢？

这个故事中体现了一种很强烈的安全感（sense of security）。与早餐相关的那些颜色、质地和物品总是日复一日地有规律地出现。孩子沉浸在这种秩序之中，而这种秩序也为他的想象提供了一个可靠的背景；在这个有序的、熟悉的世界里，神奇的事物就出现了。"影子人"

的出现虽然是不可预知的，但并不是令人意想不到的——"影子人"出现了，并且闯入了孩子的私人领域，构建了孩子与周围的联系。每天都要发生的这个独特的偶然事件——"影子人"的出现需要依靠外界的一些条件，如阳光、促使光线和影子产生移动的风以及从窗外开过的汽车等——这些条件相对而言不如他们的生活习惯有规律：他们每天几乎都在同样的时间吃早餐，家里人吃饭时总是坐在自己固定的位置上，他们几乎总是吃着同样的食物，桌布也总是他们所熟悉的图案。可见，"影子人"的出现很大程度上是因为孩子的父亲总是坐在同一个位置上吃早餐，而且他们的早餐时间总是那么准时而有规律。

　　然而更为重要的是，孩子想象到、并且喜欢上"影子人"的这种能力是不是源于他对家庭生活秩序（at-homeness）的熟悉和温馨的体验呢？是什么力量让他不把"影子人"看做可能的敌人（a possible foe），而将之视为值得信赖的同盟（a trusted ally）呢？孩子的创造力和想象力是不是在一种安全、有序、熟悉的环境中更容易激发和成长呢？我们应该如何区分这样两种环境：一种是我们故事里提到的环境，是一种快乐、祥和、有序且令人踏实的气氛；另一种是一种固定、僵化和压抑的气氛。很显然，后者会扼杀创造力，扭曲秘密所能激发的想象力，前者则能培养富有创意的想象力。从某种意义上说，这个孩子家里的生活模式就好像黄色门上的光线和影子的不断运动一样：连贯、自然、不可避免，但又充满了偶然和变化，赋予人无穷的想象和惊喜。

在秘密游玩场所的冒险

　　在孩提时代的秘密故事中，隐蔽的游玩场所是一个常见的主题。这些游玩场所通常就在家的附近：也许是附近灌木丛中的一个小棚屋，或是林间的小房子，或是废弃的谷仓，或是神秘的官邸，或是不再使用的车间，也可能是工业生产区：

我们家住在一排联立的楼房（a row housing complex）里，楼层相对比较高，这些房子属于一家造纸厂。战后，爸爸、妈妈、哥哥和我一起搬到了这个空旷的地方并在这儿盖起了房子。祖父母住在二楼，楼层比我们家的低。

在40户住户中，我们家是唯一不为这家造纸厂工作的，但是一项解决住房紧缺的法律（a housing shortage law）却允许我们在这里一直住了下来。在我们住的那排房子中间有一堵高高的篱笆，把我和哥哥与别的孩子的生活空间分割开来。但是，篱笆边有一扇大门，我们还是可以去他们那边的地方玩。不过他们却不能轻易来我们这边玩，除非他们真的有事情。有时候，如果没有伙伴一起玩，我就会把怨气发泄在这堵篱笆上。很多时候，我都会把这些规矩忘掉，跑到他们那边去，或是在沟渠里游泳，或是在小河里抓鱼，或是在林子里寻找炸弹爆炸后留下的弹坑，或是去树上偷采樱桃，或是玩侦查吉卜赛人的游戏（spy on Gypsies）。我一直知道自己生活在边界地区，我的生活范围内部和外部是有区别的，同时我也知道，规矩也有例外的时候——只要我们不说出去就行。

工厂本身就有很多的秘密。里面竖着很多标牌，禁止非工作人员入内。但我们还是经常进去了。我屏住呼吸，听着背包撞击我的背时发出的声音，跑到空旷的走廊和废弃的仓库去寻宝。我知道，只要我不轻易移动里面的东西或弄出尖利响声，我就会非常安全。我记得我在那里发现了一间废弃的房子，里面一部分墙壁和天花板都已经坍塌下来，屋外长满了茂盛的绿草，还开着一丛蒲公英。太阳照着，屋子外面暖洋洋的，里面却非常凉爽。我让哥哥帮我一起把房子清理干净，而且在里面点了一些蜡烛。烛光闪烁着，借助烛光，我在那堆砾石和白色的灰浆中找到了一些2×4大小的工作台，还有一些小小的硬纸盒，我觉得它们组合在一起很像一个小小的村落，这个村庄里有漂亮的房子，有一座别致的教堂，教堂顶上还有尖塔呢，当然，谁也不知道这一切是怎样形成的。这些房子的墙壁是白色的，屋顶是红色的，四周还环绕着绿树，显得非常整洁和雅致。我记得里面还有美丽的蓝颜色，但我记不清究竟什么东西是蓝色的了。我想象着自己就住在这个美妙的村庄里。我们小心地建设着我们的村庄，在那儿尽情地玩耍，同时也十分警惕，生怕工厂里的人会闯进来。还好，从来就没有人来打扰我们。

孩子们自己所发现的那些游乐场地总会有边界、界线、大门、篱笆、只能慢行通过的空间（crawling space）等，也有着内部和外部的区别。这些东西通常与一些有禁戒作用的事物和规则相联系。一旦越过这些界限，就可以进入另外的世界。

在这种秘密场所玩耍时，首先必须打破原有的规则，同时又要建立一些新规则，寻找一些新的处事方法，以便更好地利用新的空间。比如，这些新地方有时就像孩子们的秘密俱乐部或聚集场所，他们也会有自己的界限和规则，以限定什么人可以参与、什么人必须排除在外。从积极的方面来说，孩子们在这里可以避开成年人的视线，也可以避开家里拥挤嘈杂的环境，他们不仅找到了一个可以玩耍的地方，更开启了一个充满各种可能的内心世界，有些东西是他们想也想不到的。换句话说，秘密的游乐场所使孩子们意识到，世界上的事情和他们所看到的可以有很多的不同。

街坊附近的废弃地方具有特别的吸引力，吸引着孩子们去进行秘密的探险和体验，也让孩子们能够对成人世界有所了解。

> 我永远不会忘记我还是小姑娘时的一次探险，即使现在看来，那也是一次不平凡的经历。一天晚上，我在一个朋友家里过夜（sleep-over）。在前几个星期，我一直在和塔娜讨论着去附近的一个地方去探险，那里有一座空房子。但我们知道爸爸妈妈是绝对不会允许我们去的。房子的主人死了，房子已经空了差不多一年，但我们发现房子的后门没有上锁。
>
> 塔娜的爸爸妈妈还在吃晚饭，我们就带了一个手电筒，蹑手蹑

脚地溜了出去。虽然外面还没有完全黑下来，但当我们穿过那条黑漆漆的巷子时，我们的感觉就好像是走在半夜三更一样，石头在我们的脚下滚动着。

来到房子跟前，塔娜推开了门，事实上，那门已经被人打开了一点。进去之前，我们还是犹豫起来了，我们首先必须确认是否会有人看见我们。"好家伙，这里没有人，"塔娜说道，"可是，房子里面会不会有人呢？"塔娜的声音都有点发抖了。"当然不会有，别傻了！"我壮着胆子回答道，想尽可能表现得勇敢一些。我们的心怦怦直跳，我们踮着脚穿过了厨房，来到了前厅。我们朝四周看了看，恐惧感慢慢地消退下去了。事实上，我觉得非常失望。我对塔娜说："这儿根本没有我想象中的那么好嘛。"这时，我觉得自己听到了一种声音，是从我们头顶上传来的"砰"的一声巨响。"你听到没有？""什么？""哦，没什么。"（我开始怀疑自己是不是真的听到了什么动静。）

塔娜坚持要上楼去看看，我则自告奋勇说要留在楼下替她放哨（实际上，那个声音已经使我浑身起鸡皮疙瘩了）。塔娜一个人上楼去了。突然，我又听到了一种声音，这明显不是塔娜上楼的脚步声，我全神贯注、一动不动地站在那里。声音好像是从我头顶上的天花板上传来的，咔嗒咔嗒的，这次更响了。我跑上楼去提醒我的朋友注意，这时我却发现塔娜靠墙站在那儿，脸色惨白。她一句话也没说，只是用颤抖的手指着一扇关得好好的门，我盯着门，屏住了呼吸，门把正在慢慢地转动着，门吱吱嘎嘎作响，好像里面有人正要出来。我们吓得不敢说话，也不敢动弹。不一会儿，门把停下来了，周围仍然一片寂静。我们站着，彼此看着对方，过了好几分钟。门把的转动是不是我们想象出来的呢？于是，我（不知道从哪儿找来了这么大的勇气）大步穿过走道，伸手抓住门把，使尽所有的力气把它狠狠地转动起来。

一下子，门开了。我的所有勇气都消失得无影无踪了。我尖叫起来，塔娜也跟着尖叫起来。我们飞奔下楼，冲到了前门。刚刚还在浴室里的人朝我们追来了！我死命地跑着，慌乱中脚底下打滑了——我感觉到有只手抓住了我的肩膀，我绝望地扭过头，看到了一个男人和一个女人，他们穿得整齐而讲究。男人先开口问："小家伙，在干什么呀？"这时，塔娜在楼下不无挑衅地反问道："你们在浴室里干什么呀？"男人看着我们，脸上带着和善的微笑。我觉得心里稍微放松了一点，但还是在担心是否会惹麻烦。男人伸出手来，握住我的手说："谢谢你们来救了我们，要不是你们开了门，我们恐怕真的得把这门砸烂呢。这位女士想买这栋房子，我在领她看看。我们进浴室看时，门把突然失灵了，我们怎么也打不开。"

我也握住了他的手，终于回过神来，知道该说什么了。我想他一定从我的脸上看到了我的迷惑，他说："真对不起，我吓着你们了！但是，你们知道，我们也被吓了一跳！"他停了停，接着又说道："天快黑了，你们两个小女孩最好赶快回家，免得父母担心你们。"

"好的，再见！"说着，我们就出了门。

塔娜和我将这个秘密保守了很多年，我们一直没有告诉我们的父母，虽然我们有时也怀疑那个男人到底是不是真正的房地产商人。

孩子们的秘密场所并不只是他们避开成人和其他人的地方，而且是他们收藏自己的秘密和宝物的地方。偶尔不小心闯入成人的秘密领域或发现成人的秘密事情，会使孩子们慢慢地洞察和了解成人生活中的神秘。

还有的时候，到秘密的地方冒险的体验会出现在梦中，或者会模模糊糊地出现在人们的记忆中。

小时候，甚至是成年以后，我经常梦见自己在一栋无人居住、被人遗弃的旧房子里游荡，那栋房子很大，有很多个秘密的房间，我感觉那很像我的祖父母以前住的地方。在梦境中，我觉得自己很熟悉这些房子。它们并不是不允许人进入，但是想进去却非常难，除非我恰好找到了正确的通道——我就好像在一个由房间构成的迷宫里穿行，总是迷路。那些房间看上去漂亮得非同一般，环境非常舒适宜人，我总是隐隐约约觉得自己来到了一个特别之所。有的时候，梦境也不是那么可人，我感觉有一股邪恶的力量盘旋在房子里的某个地方，并且在威胁着要展示其本来的面目，模样很残忍、很恐怖。不知为什么我总是企图逃到更高的地方去，我拼命沿着一些稀奇古怪的楼梯往上爬，好像是为了证明这些恶魔只是幻影。有时候我还是能脱险，不过要经历很多的艰险，比如穿过一些令人毛骨悚然的过道，或是经过一些空荡荡的房间，或是从一扇窗户里爬出去，或是沿着一段排水管爬下来，或是从屋顶上爬过去。还有些时候，我突然发现自己爬上了一个高高的、古怪的阁楼，一些神秘的东西朝着我汹涌而来，但是我还没有看清楚那些可怕的东西是什么，我就从梦中惊醒了。

即使到了现在，每当我回想起这一切，依然觉得很烦恼，因为我实在不知道有什么必要把这些告诉别人，如果真要告诉别人的话，应该采取何种方式。

可见，世界上的任何方面几乎都受着秘密的影响。我们可以从身边的物体上体验秘密，有些物体是我们所熟知的，有些对我们而言却是陌生的；我们可以在各种各样的地方寻找秘密，比如我们所住的房子的角落、陌生建筑物的过道和凹槽、隐蔽的山洞和废弃的房屋、黑暗茂密的森林、虚无缥缈的林间空地等；我们可以从身边世界的嘈杂声中感受秘密，也可以从物体的形状中体会秘密；光线和阴影的变幻、梦境中的想象、别人轻声讲述的神秘故事以及我们与身边的人们的接触，都可以给我们带来秘密的体验。同时，生活中的每一次秘密体验都是我们对自身的一种多方面的认识：我们可以了解到自己的创造力和想象力，可以体会到自我角色的不可确定性，可以感知到自己的内在性情，可以看到自己在别人心目中的形象，我们也可以多一份联想和审问——我为什么会以这样的形象出现在此时此刻的世界上呢？

第4章　小说中描写的秘密

有种情况真的很奇怪。一本书愈是为人所熟悉，它就愈能给读者留下无尽的秘密，也愈能激起读者心中的秘密。

——罗德里克·麦吉利斯（Roderick McGillis）：《儿童故事中的秘密与顺序》（"'Secrets' and 'Sequence' in Children's Stories"）

很多故事和小说都是以秘密为主题的。通过考察从文学作品中选出来的一些片段，我们想让大家逐渐了解秘密在作者的心目中、在小说虚构人物的生活中以及读者的体验中的各种形态和特征。当然，这些选出来的片段只是一个样本而已。想通过这些片段就对人类所有可能的秘密形成一个清楚的认识是不太现实的。事实上，把秘密的各种新形态揭示出来是作者的一种创作自由。但这种自由并不是绝对的，因为当叙述的内容脱离了实际时，这种叙述也就失去了力量。尽管虚构的现实是奇异的，真正的世界有时看起来可能还会更怪异。

当代虚构小说的生命力主要依赖它们所描写的秘密现象。有时作者会让我们自己去积极寻找问题的答案，有时作者会让读者在痛苦的等待过程中慢慢地了解故事情节中的秘密。故事中的主人翁往往比读者知道得更多，相反的情形似乎也是可能的，即小说的读者懂得了一些有着关键意义却不被故事主人翁所知的知识。也许用"讽刺"（irony）一词来描述这种情形会更为恰当。讽刺是一种假装的（对秘密知识的）不知晓，在早期的希腊悲剧中，演员们就必须把这种无知表现出来。俄狄浦斯（Oedipus）并不知道他杀害的是自己的父亲，但是我们知道，他也不知道和他结婚的竟是自己的母亲。也许正是由于观众对某些事情有秘而不宣的知识，剧情才能够如此激荡和引人入胜。

罗伯特·威特金（Robert Witkin）认为，明确地提出讽刺这个概念还只是不久之前的事情。1502 年，讽刺一词第一次出现在英语中，而在一般的文学作品中，讽刺一词到 18 世纪才出现。一个重要的分界是，自浪漫主义时期以来，讽刺不仅成了一种修辞手法，而且是主题获得无限创意的一个必要条件。威特金认为，希腊人也许还将讽刺当成了一种审美的方式，只是他们自己没有意识到而已，因为当时他们还没有这一概念。在当今的文学作品中，如果我们不能和作者分享某种秘密，那么这种作品也就不堪想象了。①

从某种意义上说，所有以故事形式出现的叙事文本都依赖秘密的力量来推进故事情节，刻画人物形象。因此，短小的故事、小说、戏剧以及电影等都会故意虚构一些秘密。如果在彼此的眼中人人都是一本敞开着的书，那么叙述人类活动的文本就会大大地失去其吸引力。一个故事或一本小说其实就是作者慢慢地将不为人们所知的事实揭示出来的过程。弗吉尼亚·伍尔夫认为，讲述和揭示这些事实的文本都有着性别倾向。② 因为在文学作品中，女性很少被其他女性当做主要人物来描写，因此女性生活中的很多方面是完全不为人们所知的，即使很常见的方面也依然显得神秘。

　　很奇怪，所有伟大的女性小说家直到简·奥斯汀（Jane Austin）时代才引起了异性的关注，以往人们总是通过她们与异性的相互关系来注意她们的。可见，女性生活所处的地位是多么的微不足道；虽然男人还戴着有色眼镜去观察异性，但他们对女性的了解却非常不够。因此，小说中所描写的女人的特征总是非常极端的，她们要么美若天仙，要么面目狰狞；要么善良如天使，要么堕落得不可

---

　　① 请参见 Witkin（1993），pp.136－151。另请参见 Kermode（1979）。
　　② 请参见 Woolf（1929/1967）。在本书中，我们无法对女性有关秘密的更具体的体验作更全面的探索，只能一带而过。另请参见 Woolf（1904/1979）。

救药——于是她们在恋人心目中的形象总是随恋人对她们的感情的起伏而变化，她们的形象有时很可人，有时却很令人不快。①

我又重新开始读那本书，我想认真读一读这个情节：克洛艾（Chloe）是如何看着奥利维娅（Olivia）将一个坛子放到架子上的，他又是怎样告诉她该回到孩子们身边去的。我忍不住惊叹道，这样的情景真的很少见。我也怀着非常好奇的心情在观察。因为我想知道玛丽·卡迈克尔（Mary Carmichael）用了什么方法去捕捉那些没有记录下来的手势，去理解那些没有说出来，或是只说了一半的话。这些组成了女人自身的特点，女人的有些特点就像天花板上飞蛾的影子一样令人不可触知。女人们在独处的时候，就不会受到来自异性的影响，而异性对她们的影响总是反复无常的、具有情感色彩的。我一边往下读，一边自言自语；在我看来，如果她真的要这样做，她就必须屏住呼吸；因为女人总是会怀疑一切没有明显动机的兴趣，女人已经习惯于掩饰和抑制，女人也会被一双注视她们的眼睛搅得心神不宁。②

从故事中我们学会了用一种新的方式去了解人们，在日常生活中，我们是不可能用上这种方式的。作者或文本在描述秘密的时候，唤起了读者在知觉和情感上的一种本能。秘密故事的作者之一，霍桑（Haw-thorne），把这种本能称为忧虑的同情心（apprehensive sympathy）。③

有了同情心，人们就会乐于倾听和分享他人的秘密；同情心也可以消解人们将秘密吐露出来时的那种紧张感。而且，当一个人想吐露自己的秘密但又不希望倾听者将之转述给其他人时，同情心使他心里觉得坦然，因为他知道还有人愿意倾听他的秘密，同时又

---

① 请参见 Woolf（1929/1967），p.79。

② 同①，pp.80 – 81。

③ 霍桑在《玉石雕像》（*The Marble Faun*）的序文中使用了"忧虑的同情心"这样的词组。请参见 Hutner（1988）关于这个概念的讨论。

为他保守秘密。这样，我们都跳出了自身的限制，同时扮演着双重的角色：自己既是讲述者，又是倾听者；既是作者，也是读者。①

小说之所以吸引我们是因为它们给了我们体验秘密的空间，使我们能够揭示秘密的真相、了解隐蔽的（但是可知的）事实、体验神秘的（也许是不可知的）世界。简言之，作者或读者所关注的都是人类所共有的秘密。接下来我们将引用文学作品中的一些片段，通过这些片段来更好地了解人类生活中秘密的真正意义。

第二个自我

有些文学作品非常明显地专注于对秘密体验的描述，因而对人们生活中秘密的先验特性（transcendent qualities）阐述得尤其清楚。约瑟夫·康拉德（Joseph Conrad）写的小说《秘密的分享者》讲述了一个年轻船长的故事，这位船长第一次受命去船上工作，他对自己的手下和自己所要完成的任务都是陌生的。当他面对这些责任时，他对自己没有把握和信心，他不知道应不应该相信自己——好像他根本就不认识自己一样。② 康拉德似乎是要告诉人们，我们并不是通过了解自己的内在特征去发现隐藏的内在的自我（secret inner self），而是通过周围环境中的人和事来发现自我。

我感受最深刻的是我是这条船上的一个陌生人；如果我把一切真相都说出去，那我就成了自己的陌生人。作为船上最年轻的男人（除了一个船长副手），而且从来没有独自承担过这么多的责任，我

---

① 请参见 Hutner（1988），p.12。
② 康拉德为这个故事起了几个书名，它们是，"秘密的自我"（The Secret Self）、"另一个自我"（The Other Self）和"秘密的分享者"（The Secret Sharer）。1910 年这本书第一次以"秘密的分享者"这个书名（由他的代理人挑选）发表在《哈泼斯》杂志（*Harper's Magazine*）上。

很想把别人的责任也看得一样重；我觉得我们对这项任务负有同等的责任；但是，一个一直缠绕我的问题就是，我应该在何种程度上忠于每个人给自己的个性秘密设定的理想概念（ideal conception）。①

　　船在离海岸不远的地方下锚泊定了，但是与另外一条船的距离却很远。年轻的船长独自站在甲板上，注视着夜色下的大海；这时，从船的侧梯走上来一个人，他请求船长给他提供一个避难之所，船长不禁大吃一惊。那个人自我介绍说他叫莱格特（Leggatt），是从另一条船上逃出来的。在一场暴风雨中，他们为保住自己的船作了很多的努力，他打了一个顽抗的水手，并且失手把水手打死了。为了逃脱禁闭和随之而来的审判，他从甲板上跳下水，找到了这只船。年轻的船长马上叫他躲进一个木舱里，嘱咐他保持安静，以逃脱别人的搜查。莱格特从此就成了船长生活中的一个神秘人物。"那个晚上，我好像看见了镜子中的自己，那是一面巨大的、模糊不清的镜子。"②船长将那个避难者藏进了自己的船舱里，就好像把他自己的一部分也藏了进去。这位秘密人物就好似船长的秘密自我，是不为船上的其他人所知的；这是一个分裂的自我——是一种人格化了的秘密，但好像那才是真正的自我（my very own self）③——但这个自我被严密地保护起来了，唯恐会把真正的自我出卖。

　　　我总在不停地观察自己，观察那个秘密的自我。不管是躺在床上、坐在桌子的一端，还是站在门后，我都在审视着自己的行为和个性。我觉得自己真的像发疯了一样，然而比发疯更糟糕的是还有一个人知道这一切。④

莱格特和船长之间似乎达成了一种默契的理解（communion of

---

①　请参见 Conrad（1910/1990），p.83。
②　同①，p.89。
③　同①，p.118。
④　同①，p.100。

understanding）。船还没有起航，仍然静静地停泊在水面上；躲在船长舱里的这位秘密旅客也必须保持绝对的安静，以免被人发现，因为他是一名罪犯，而船长很有可能会因此而失去自己的工作，并且受到惩罚。

> 然而，一切好像都在和我们作对——周日的安宁、海面上的风平浪静、大自然的静谧、船上其他人员的默默无言都让我们觉得奇怪，好像在对抗我们的秘密关系；就连时间也好像停止不动了。①

读者们好像也被"搁置"在这种稠密的热带气团中，这种状况会持续多久呢？秘密，以及对秘密的体验好像总是"先于"这样一个时刻出现——它们伴随着一种感受，不管你作什么努力，它们早就在那儿了。也就是说，秘密阻挡着这个时刻的来临，让我们与内心的自我彼此陌生和疏远。年轻的船长认为："我"已经迷失了，一个陌生人取代了"我"的位置。

> 因为船舱里有这样一个陌生人，我觉得自己在指挥的过程中并不是独自一人做主。我也觉得自己并没有完全待在船上。我的另一部分不在场。那种一身同时居两地的心理幻觉也影响着我的肉体，秘密已经穿透了我的灵魂。②

故事用了很多的篇幅来描写船长为了掩盖自己的"双重人格"、"另一个自我"和"秘密的分享者"所进行的一系列心理斗争。为了维护自己的权威，年轻的船长必须学会在其他船员面前保持沉着和冷静，以掩盖自己内心的不安。当然，我们也可以想象莱格特的角色在年轻船长的生活中所表示的象征意义。③ 如果抛开"秘密的分享者"所包

---

① 请参见 Conrad（1910/1990），p.108。
② 同①，p.422。
③ 该故事在心理分析领域获得了广泛的注意。Rashkin（1992，p.49）说，康拉德的故事《秘密的分享者》所起的作用，就像罗夏克（Rorschach）那样引起了"无数心理分析式的解释"。

含的深层意义，我们所要考虑的其实是一个简单的教育情境（pedagogi-cal situation）：一个年轻人承受着很多的责任，这些责任是他难以胜任的。船长体验着内心的不安和自我怀疑，却不敢讲给他的船员听，因为他害怕失去权威。初次为人之师，或是初次为人父母时，面对着第一批学生、第一个孩子，我们也会暗地里经历这样的自我怀疑。不管莱格特到底是船长想象出来的，还是确有其人其事，事情的真相是船长想树立起自己在决策中的自信心和自控力。

在故事结尾时，船长最后还是把第二个"自我"——莱格特释放了，将他放逐到了一个远离大陆的小岛上。船长为此还费了不少心机，他驾船驶过险象环生的水域，靠到岛上陡峭的山崖边，整艘船都处于极度的危险之中。他假装想让陆地上的微风帮助把风帆吹起，全然不顾船员们的反对和抗议，几度把船带到灾难的边缘。莱格特一下船，船长就让船恢复了平静，稳稳当当地继续前行，船员们都为船长的处险能力所折服。从教育学的角度来看，年轻的船长终于摆脱了一直纠缠着他的那个"秘密"，恢复了与船员之间的"无声的沟通和理解"（silent communion）。① 可见，在战胜自己内心的不安之前，船长已经恢复了对自我的控制能力。

亲密的自我

在詹姆斯·乔伊斯（James Joyce）写的一部小说里，我们可以看到秘密是一股神奇的力量，它能将我们自己与分享秘密的另外一个人紧紧地联系在一起。在这个隐秘的领域里，我们将遭遇一种充满浪漫气息的秘密，体验一种脆弱的柔情。在《死者》中，乔伊斯所讲述的故事是以两个未婚老姑娘每年举办的聚会为背景的，她们是加布里埃尔·

---

① 与之相反，从弗洛伊德精神分析的角度，Rashkin（1992）把年轻的船长最终重新获得自信阐释成又一次幻觉。

康罗伊（Gabriel Conroy）的姑妈。加布里埃尔·康罗伊是一个有点自负但是心眼并不坏的人，他的妻子名叫格里塔（Gretta）。那个令人兴奋的夜晚已近尾声，然而另一个故事又开始上演了——这个故事将涉及已婚夫妇的私生活，甚至还要涉及夫妻之间都相互不知的秘密。

加布里埃尔站在前门的楼梯下，正准备离开，这时，一阵音乐把他吸引住了：

> 他静静地站在昏暗的大厅里，好像要把送来音乐声的那股空气抓住，他凝视着妻子，妻子的仪态里透出一种高贵和神秘，好像她是某个事物的象征。他反复问自己，一个站在阴暗的楼梯下，聆听着来自远方的音乐声的女人到底能象征什么呢？①

她所聆听的歌曲是《奥赫里姆的少女》。看来是这首歌吸引并且感动了她，让她如痴如醉地静静地站在那里。这一情景也让加布里埃尔心潮澎湃。他远远地看着妻子，看着煤气灯发出的白光倾泻在她铜褐色的长发上。她好像并没有注意到周围的人们，"最后，她转过身来，面对大家，加布里埃尔发现她脸色红润、两眼泪光闪闪。他觉得有一阵突如其来的幸福感攫住了他的心"②。加布里埃尔并没有注意到格里塔的想法，因为格里塔的出现撩拨着他的心，让他有一阵想要她的冲动。

在回宾馆的路上，她出奇地安静，好像还沉浸在思索之中。但在加布里埃尔看来，她那沉思和忧郁的神情只是增添了她的美丽和神秘。这使加布里埃尔想起了他们待在一起时美好的点点滴滴：充满柔情的话语、温柔体贴的注视、满含爱意的抚摸等。但是，一旦进到房间里，加布里埃尔的情感似乎就没法和格里塔遥远的思绪互动起来。

——亲爱的格里塔，你到底在想些什么呀？

---

① 请参见 Joyce（1914/1976），p.242。
② 同①，pp.244－245。

她既没有回答，也没有全然投入他的怀抱。于是，他又轻声问道：

——告诉我，格里塔，到底怎么啦？我想我知道这一切，你说对吗？

她并没有马上回答。过了一会儿，她突然大哭起来，抽泣着说道：

——哦，我还在想着那首歌，《奥赫里姆的少女》。

她挣脱了他的怀抱，扑到床上，紧紧抱住床边的护栏，把脸深深地埋在双臂间。加布里埃尔惊呆了，静静地站了一阵子，然后接着她的话说……

——那首歌到底讲了些什么，怎么会让你哭成这个样子呢？

她从双臂间抬起头，像孩子一样用手背擦干了泪眼。一阵让他料想不到的温柔的话语从他的嘴里冒了出来。

——怎么啦，格里塔？他问道。

——我想起了很久以前曾经唱过这首歌的一个人。

——他是谁呢？加布里埃尔笑着问道。

——这个人是我在高尔韦（Galway）认识的，当时我和爷爷奶奶住在一起。她回答说。

——加布里埃尔一下子收住了笑容，他的心里升腾起一阵莫名的怨恨，一种愤怒的欲望之火在他的血管里燃烧起来。

——这是你曾经爱过的一个人吧？他讥讽地问道。

——他是我认识的一个小伙子，名叫迈克尔·富里（Michael Furey）。他经常唱《奥赫里姆的少女》这首歌，他长得非常精致、秀气。[1]

那首歌使她一下子打开了记忆的闸门，想起了小时候那件凄美的往事。那时，加布里埃尔还没有走进她的生活。她慢慢地开始讲述她的秘密故事。不管加布里埃尔愿不愿意听，格里塔讲述的关于迈克尔·富里的故事让他心中充满了嫉妒。他甚至还起了疑心，一个劲地

---

[1]　请参见 Joyce(1914/1976)，pp.251-252。

追问格里塔现在是否还经常与迈克尔·富里见面。但是那个男孩 17 岁时就死了。现在，加布里埃尔感到有点丢脸。

  他想尽量保持声调的冷静，但他开口发问的时候，他的声音显然变得谦卑和冷淡了。

  ——格里塔，我想你一定是爱上这个迈克尔·富里了。他说。

  ——我当初和他确实相处得很好。她回答道。

  她的声音显得遮遮掩掩的，充满哀伤。加布里埃尔意识到现在想引导她朝他所期望的方向发展是徒劳的。于是，他抚摸着她的一只手，语气哀怨地说：

  ——格里塔，他怎么会死得这么早呢？是不是得了肺病？

  ——我想他是因我而死的。她答道。①

格里塔继续讲述着她的前任恋人的死。她完全沉浸在那场悲剧之中，那男孩因她而死，他给予她的爱太多了。加布里埃尔内心充满了欲望、讽刺和嫉妒，但格里塔却没有意识到这些，她完全沉入了自己的悲伤往事中。加布里埃尔觉得很受震撼，对自己的信心正在逐渐地消减。最后，格里塔将脸埋进了枕头里，伤心地哭着，加布里埃尔也只好默默地走到窗前。本来，对他来说，格里塔与那个男孩之间的情感经历是一个秘密，而且，妻子在这个秘密中所经历的一切是他想都没有想过的。加布里埃尔现在好像想起了别的一些东西，他觉得这是那个男孩所知道的一个秘密。

他从窗前走回来，发现她已经睡着了。他观察着熟睡中的妻子，"好像他们从来没有像夫妻一样生活在一起"，他想象着妻子年轻时候的面容，那时她肯定非常漂亮，并且充满青春的活力。

  他甚至不愿意对自己说现在这张脸已经不再漂亮。但他明

---

  ① 请参见 Joyce(1914/1976), pp.252－253。

白，这已经不是迈克尔·富里死的时候所面对的那张脸了。[①]

　　他在想，睡在自己身边的她这么多年以来是怎样将往日的恋人深锁在心中的；他也在想，当迈克尔·富里告诉她自己不想活了时，她是怎样面对他的眼神的。

　　加布里埃尔的眼里噙满了慷慨、大度的泪水。他从来没有对任何女人有过这种感觉，但他知道，这种感觉应该就是爱。[②]

加布里埃尔现在意识到，在妻子的心目中，他的分量远远没有那个全身心爱过她的年轻人那么重。这里我们通过与别人对比感受到了另一个自我。但这个亲密的自我像是一个陌生人，显得遥不可及。真奇怪，人们往往就是在这种亲密时刻突然认识到那个神秘的自我——然而事实上，这只是一个真正的"他人"。

困扰的自我

　　纳撒内尔·霍桑（Nathaniel Hawthorne）所写的小说《红字》（*The Scarlet Letter*）也让读者们能深入地洞察秘密所蕴含的那种神秘和模糊的意义，因为在揭示人们共同生活的真相时，秘密起着决定性的作用。我们可以看到，秘密影响着个人性格特征的塑造、自我意识的形成以及人际关系的发展等方方面面。海丝特·普林（Hester Prynne）从英国逃到美国以摆脱丈夫的虐待。但在这里，她背叛了她的丈夫，陷入了非法的婚外恋。这个故事发生在 17 世纪的波士顿，当时很多人都是清教徒！海丝特被抓起来了，还被逼迫着说出她刚出生孩子的父亲的名字。这位年轻的女人拒绝说出来，人们就判处她将一个代表通奸的红色"A"字挂在胸前。这个标志"A"就成为秘密的一个神秘象征，表达了被人

[①]　请参见 Joyce（1914/1976），p.255。

[②]　同[①]，pp.252－253。

排斥和唾弃的羞耻，而且，似乎有点因祸得福，她使这个红字变成了她的荣耀、她的仁爱、她的智慧，以及她逐渐在社区生活中所获得的那种奇怪、模棱两可的地位的象征。

孩子的父亲亚瑟·丁梅斯代尔（Arthur Dimmesdale）一直是受人爱戴和敬重的牧师，他现在也因一种极度的罪恶感而受尽煎熬。然而，他不能公开承认自己的罪过。在海丝特被推到一个临时搭建起的高台上公开示众的同时，海丝特的丈夫罗杰·奇林沃思（Roger Chilling-worth）刚好来到镇上。后来，他去监狱探望了她，要求她对他的身份保密，并且还对海丝特进行了一番盘问，因为他也想知道海丝特的秘密情人到底是谁。在遭到她的拒绝后，他就威胁道，如果人们真正下定决心要知道秘密，那么任何秘密都会是藏不住的。

"你永远不会说，是吗？"他反问道，脸上带着暧昧的微笑和一种聪明自恃的神情。"想让我永远都不知道他？海丝特，我告诉你，不管是在外部世界，还是在看不见的内心深处，很少有什么事情能瞒得过别人，尤其是当人们执着地、不屈不挠地要了解这些秘密的时候。你也许可以让那些爱管闲事的人不知道真相，你也可以让牧师和地方官员不了解真相，现在你可以这样做，但是，他们可以通过动刑让你说出那个名字，然后你的绞刑架上又可以多一个陪死鬼。而我呢，我拥有不同于他们的理性和认识，我可以从书本上找到真理，我知道如何用炼金术找到金子，所以，我也能找出这个人！看着他在我面前发抖，我会同情他。我也会突然地发抖。他迟早都会被我所知道和了解！"

丈夫满脸皱纹，目光炯炯地盯着海丝特，海丝特紧紧地抓着她的手放到自己的胸口上。海丝特感到非常害怕，因为她害怕她丈夫很快就会读出她的秘密。①

---

① 请参见 Hawthorne（1850/1994），p.52。

随着岁月的推移，罗杰·奇林沃思的形象似乎变得越来越邪恶和歹毒。这个秘密使他成为丁梅斯代尔所受的良心谴责的根源。

"海丝特，那个人到底是谁？"丁梅斯代尔恐惧不安，气喘吁吁地问道。"一看见他，我就会发抖的！你认识这个人吗？我恨他，海丝特！"

她清楚地记得自己的誓言，所以她一言不发。

"听我说，一看见他，我的灵魂也会发抖。"丁梅斯代尔再一次悄悄地说。

"他是谁？他是谁？你难道一点也不能告诉我吗？见到他，我总有一种说不出的恐惧！"①

海丝特和她的孩子珠儿（Pearl）住到了城郊的一间小木屋里。因为她不愿意把孩子的父亲说出来，她就被人们排挤出了社区，处境孤寂；因为她很善于刺绣，还会其他一些针线活，所以她还是可以养活女儿和她自己。事实上，她所绣的红字"A"散发着一种奇特的光彩，使它所隐藏的秘密富有更加浓厚和强烈的神秘色彩。并且，在海丝特首次将这个红字系于胸前的时候，它已经对旁观的人群产生了一种奇特的影响。

但是，现在吸引所有目光的不是别的，而是那个红字。红字似乎也改变和美化了这个佩戴它的人——那些男人和女人其实早已认识海丝特·普林，现在却好像是第一次见她一样——她胸口佩戴的红字绣得美妙无比，看上去光彩夺目。它也像一个魔咒，使她见弃于普通人，将她关进了一个属于她自己的特立独行的领域里。②

虽然作者没有明确地告诉读者丁梅斯代尔就是海丝特所犯罪行中

---

① 请参见 Hawthorne(1850/1994)，p.107。

② 同①，p.37。

的秘密伴侣，但是作者总在用一些行为和无法解释的标志提供各种各样的暗示，比如说小珠儿，"她穿着红色的衣服，伸出食指，首先指了指妈妈（海丝特）胸前的红字，然后又指着牧师的胸口"①。因为同情的力量（power of sympathy），孩子似乎已经知道了一切，只是大家心照不宣而已。

> "妈妈，这个字代表什么意思？——你为什么要戴着它呢？——为什么牧师总是把他的手放在胸上呢？"
> "我该怎么对她讲呢？"海丝特寻思着，"不！如果这是我获得孩子同情的代价，那我可付不起！"
> 于是她放开了嗓门。
> "傻珠儿！"她说，"这是些什么问题呢？世界上有很多问题是孩子不应该问的。我怎么会知道牧师的心呢？说到这个红字，我佩戴它是因为我喜欢系着它的金线！"②

作者借一个天真无邪的孩子之口，讥讽地把其中的秘密告诉了读者。海丝特的回答让人们清楚地感觉到，虽然这种平淡的回复能给这个秘密以令人满意的内容，但是却不可能揭示秘密的不合理性的力量。霍桑在小说《海关》的前言中就故意渲染了红字的复杂性，引导着读者来寻找它的真正来源和故事发生的背景：

> 但是，这个神秘包裹中最吸引我注意的是一块质料讲究的红布，它相当旧，而且颜色也褪了。……这表明，应该说是毋庸置疑的，它是一个衣饰，但是，它该如何佩戴？它在过去曾经代表哪一阶层、显示哪一种荣誉、揭示哪一种身份？这还都是一个谜（而在衣饰细节上，社会时尚瞬息万变），因此我破解这个谜的希望是微

---

① 请参见 Hawthorne（1850/1994），p.100。
② 同①，p.124。

平其微的。但我就是情有独钟，不能控制自己对它的兴趣，好似中邪了一样。我目不转睛地盯着这个红字，寻思其中定有深意，值得作一番探究。就在这时，它果真悄无声息地从那神秘的符号中喷涌而出，诉诸我的感情，而将我的理智分析抛在了一边。①

在霍桑的小说中，所有的主要人物都被牵涉到了秘密当中：海丝特作为神秘的红字的佩戴者，表现着一种女权的力量，对抗着法律和教会的绝对权威；和她疏远的丈夫——奇林沃思隐藏了自己的真实身份，但他的复仇动机使人们看透了牧师的内心世界；丁梅斯代尔感觉到自己必须承认这个秘密，因为秘密一直使他的内心备受煎熬；小珠儿有着一种奇怪的直觉，她最后将红字所寓示的谜一般的含义带到了未来。

很明显，红字所隐含的秘密并没有表现在霍桑故事的真实性中，也没有表现在红布里的文件所揭示的信息中，甚至没有表现在海丝特女儿父亲的身份之中——这个秘密所包含的神秘之处恰恰在于红字给人们的生活史所带来的无处不在的影响之中，因为红字本身是秘密的载体，而很多人都看到了它。换句话说，霍桑通过文学的手法，让读者对人们生活的发展和"成熟"过程中的秘密的深层含义进行了一次深刻有力的体验。其实，就秘密本身所包含的意义而言，是逻辑分析、侦探活动、文学构想乃至爱情或亲密行为的独特力量都不足以充分展现的。霍桑或许给读者提出了这样的问题：人们的博爱、机智和开朗——也就是他反复提到的"同情"——究竟是如何为秘密的揭示和人生不确定性因素的解读提供环境的。

非法的自我

不正当的婚外情给爱玛·包法利（Emma Bovary）带来的体验似乎

---

①　请参见 Hawthorne(1850/1994)，p.21。

比她真正的生活中的体验更为真实。秘密创造了另一个世界，这个世界通常占着次要的地位，但有的时候却也可以侵扰和取代真实世界中的一切。刚开始的时候，她与鲁道夫（Rodolphe）秘密的婚外情使她得以脱离家庭生活的真实世界。她的丈夫查理·包法利（Charles Bovary）医生老实无能，他们的相识和结合多少具有一些偶然性——他似乎与乡村生活的习俗格格不入，所以没有必要对他顾虑太多，而且要让他不知道秘密实在是太简单了，她根本不用费什么精力。也许她的第一个秘密，这个一直不为查理所知的秘密就是她瞧不起他。婚外恋情很快就变成了她的"真实世界"，慢慢地填充着她空虚的生活，但也不可避免地使爱玛坠入了一种幻想和绝望之中。

她和鲁道夫刚刚在野外风流了一场，现在骑马回到了村子里。

他们回到尤维尔（Yonville）的时候，马儿欢快地奔跑在卵石道上，人们从窗户里探出头来看着她。

吃饭的时候，她丈夫说她看起来气色很好；但当他问起她出门玩得怎样时，她却好像根本就没有在听他说话。她坐在那里，双肘靠着餐碟，餐碟的两边各点着一支蜡烛。

"爱玛！"他说道。

"什么？"

"你知道，我今天下午去了亚历山大先生家，他有一匹老母马，看起来挺不错的，只是膝盖那儿有点破，我敢确定我们花上100克朗（crowns）就可以把它买下来。"他接着说道："我想你也会很高兴的，所以我就把它买下了！我做得对吗？告诉我！"

她点了点头表示同意；过了大概一刻钟的光景，她问道："你今天晚上出去吗？"

"出去。有事吗？"

"哦，没事，亲爱的。"

查理一走，她就上楼去了，把自己关在房间里。

刚开始，她的脑子里一片混乱，她好像又看到了那些树木，看到了林间的小径，看到了那些沟渠，看到了鲁道夫；她甚至还感受到了鲁道夫紧紧的拥抱，树叶在头顶上婆娑作响，风吹着身边的芦苇，也发出沙沙的响声。①

爱玛意识到她那个秘密的自我已经压倒了生活中正常的自我。她的秘密使她变成了一个完全不同的人。这就是秘密的魔力之一，它可以使我们成为自己所渴望成为的人。

她盯着镜中的自己，不禁大吃一惊。她的眼睛从来没有这么大、这么黑、这么深陷。一种微妙的改变弥漫了她的全身，她在慢慢地变化着。

她不停地自言自语："我有情人了！我有情人了！"她体会着这种感觉，好像自己又进入了第二个青春期。她终于可以拥有爱的喜悦，体验幸福的狂热了，而这一切都是她盼望已久的。她进入了一种美妙的意境，那里充满激情、欢愉和狂乱；她觉得自己坠入了无边的蓝色之中，她体会着一种情感的巅峰。日常的生活似乎是在遥远的别处，在阴暗的角落里，在巅峰之间的深谷里。②

但是，秘密的自我似乎并没有总是如期出现在梦境之中。有时来得稍微迟一些，当爱玛打算和鲁道夫一道永远遁入那个迷幻的世界时，他们的婚外情却出娄子了。在某种程度上说，爱玛好像忘却了她身边的人，所以她没有觉察到鲁道夫的热情正在消减。她正在一心准备早上和他一起离开，他却打发仆人吉拉德（Girard）送来了一个手绢包，里面是几颗杏子和一封信——这是他们交流的方式，信中告诉她说一切都被取消了。

爱玛真有点头晕目眩了，她在屋内高高的壁架上跳来跳去，一刻也

① 请参见 Flaubert（1857/1979），p.163。

② 同①。

没有停息，就好像徘徊于几个不同的世界之间……直到后来她被叫去吃晚饭了。她的自信心被击得粉碎，因为她所信赖的人竟然彻底抛弃了她。现在，她只有把这一切作为自己的秘密隐藏下来——这是只有她自己知道的秘密。她被无情地抛回了一个她一直想逃避的世界，鲁道夫的一切都让她感到深深的失望和无助。查理还是和过去一样的不知情，他不了解妻子经历了什么，所以他不时地来烦扰她；她一直想逃离的那个世界现在正沉重地压迫着她，甚至连家里吃饭的习惯和气氛也让她觉得十分压抑。

"爱玛！爱玛！"查理喊道。

她停住了。

"你在哪儿？快下来呀！"

她一想到自己才被人从死亡的边缘救起，就吓得差点晕了过去。她紧闭着双眼。后来，有人扯了一下她的衣袖，她不禁颤抖起来。来的人是弗丽斯特（Félicité）。

"先生在等着您，夫人。汤已经准备好了。"

她只好下了楼——坐到了桌前。

她努力想吃点东西，却被食物噎住了。她摊开了餐巾，好像是要仔细查看上面的补丁。她聚精会神地看着，数着上面的针脚和线头。突然，她又想起了那封信。是不是把它弄丢了？它到底在哪儿呢？她的精神十分疲惫，甚至连给自己找一个借口离开饭桌的力气也没有。她突然又觉得害怕起来，她害怕查理。她敢确定他已经知道了一切，因为她听到他说了一句十分奇怪的话："我想我们最近是很难见到鲁道夫先生了。"

"谁告诉你的？"她吃惊地问。

"谁告诉我的？"他重复了一句，似乎惊诧于她尖利的语调。"吉拉德。我几分钟之前在弗朗西斯咖啡馆门口见到了他。他可能已经上路了，也有可能正准备离开。"

她忍不住抽泣起来。

"这有什么值得奇怪的？他经常这样出去散散心的。我很同意这样的做法。如果单身，又有钱，就可以这样。而且，他是我们的朋友，他自己过得很不错。他是个浪荡子，朗格卢瓦（Langlois）曾这样告诉我——"

他停住了说话，因为女佣刚好进来了。她把散落在餐具柜上的杏子重新放回了篮子里。查理没有觉察到妻子的脸红了。他让女佣把果子拿过来，挑了一个，咬了一口。

"很好吃！"他说，"来！尝一个！"他把篮子递给她，她轻轻地推开了。

"闻闻这香味吧！"他把篮子在她的鼻子底下移来移去。

"我觉得很窒息！"她叫了一声，突然站了起来。但是她还是设法控制住了自己的情绪。"没事的，"她安慰自己说，"没事的。只是有点心烦。坐下，继续吃饭吧。"

她生怕他会不停地问她问题，害怕他过度注意她，害怕他不给她机会一个人待着。①

爱玛的世界好像被颠倒过来了——那个令她津津乐道的秘密世界不复存在，而在那个她一直想逃离的世界里，似乎又没有她的合法位置。她再也不能躲进一个她丈夫全然不知的安全领地里。她过去的秘密现实已经变成了秘密的非现实（幻想）。后来，当她与未来的情人聊天时，她对自己秘密世界里的幻想作了这样的反思："要是你知道，"她一边说着，一边抬起头看着天花板，眼里噙满了泪珠，"要是你知道我所做过的梦那就好了！"②

---

① 请参见 Flaubert(1857/1979)，pp.201－202。
② 同①，p.224。

阴暗的自我

　　秘密压抑着人们的身份和自我认同（identity）。阴暗的秘密使人觉得羞耻、歉疚，因而给人的压抑感更重。希腊的《俄瑞斯忒亚》三部曲（*Orestia trilogy*）中就包含了很多存在于家人之间的奸诈、辛险和阴暗的秘密——这是世界上最邪恶的秘密。[①] 从特洛伊城（Troy）返回希腊的路上，大获全胜的国王阿伽门农（Agamemnon）受到了妻子克吕泰涅斯特拉（Clytemnestra）的迎接。他的妻子假装非常热情，其实却是在寻找机会谋杀阿伽门农，为女儿依菲革涅亚（Iphigenia）报仇，因为国王为了感谢九年前那阵把他的船带到特洛伊城的顺风，曾经把依菲革涅亚作为祭品进献给上苍。悲剧一开始就对这些事件作出了准确的预测，其中的秘密被描述成过去的一些罪行的休眠和隐藏状态。

> 恐惧犹如瘟神一般回来了，潜伏在屋子里；
> 隐秘的愤怒总驱使着人们去为那个孩子报仇。[②]

　　特洛伊城的胜利给其他地区造成了惨重的损失和伤害，阿尔戈斯（Argos）城邦的情景就足以折射出这一切：

> 他们秘密地低语，
> 本是为阿特柔斯（Atreus）的儿子们的争吵难过，
> 现在，愤怒却吞噬了悲伤。[③]

　　这里我们有必要解释清楚，阿特柔斯的两个儿子就是阿伽门农和

---

① 请参见埃斯库罗斯（Aeschylus），见 Lattimore 的译文（1953）。
② 同①，p.39。
③ 同①，p.48。

墨涅拉俄斯（Menelaus）。后者即斯巴达（Sparta）的国王，也是海伦（Helen）的首任丈夫，而海伦曾被特洛伊国王帕里斯（Paris）诱拐。然而，虽然海伦受到维纳斯的魔力的吸引而迷上帕里斯，但是她却一直没有停止思念和爱慕墨涅拉俄斯。帕里斯死后，她好几次秘密地帮助希腊人。

悲剧的第一幕以克吕泰涅斯特拉和她的情人埃癸斯托斯（Aegisthus）杀害阿伽门农国王结尾。在第二幕中，国王的儿子俄瑞斯忒斯（Orestes）为父亲报仇。他和妹妹厄勒克特拉（Electra）必须一直保守他们的秘密计划：

> 妹妹必须进到里面去，
> 我嘱咐她千万保守我们约定的秘密。
> 如果他们背弃信义杀害了那个地位显赫的人，
> 他们也会自投罗网难逃一死。[①]

希腊的神话中充斥着这样的秘密关系，描写了很多被人们好好保守着的秘密，也描写了很多被背弃的秘密。这些神话生动地剖析了炙热的情感，描述了人性的美德和堕落。这些错综复杂的秘密存在于家庭内部，也存在于情侣之间。

孤儿一样的自我

露西·波士顿（Lucy Boston）的小说《格林洛瓦的陌生人》（*A Stranger at Green Knowe*）描写的是一个名叫宾（Ping）的缅甸孤儿生活在英国的故事。一年夏天，他被一位老夫人奥得诺太太（Mrs. Oldknow）带回家中，奥得诺太太拥有一处房产，那是一栋古老的旧木房

---

① 请参见埃斯库罗斯，见 Lattimore 的译文（1953），p.113。

子，房子的一部分被护城河环绕着。在来到位于格林洛瓦的房子之前，这孩子去过伦敦的动物园，看到了雄性大猩猩汉诺（Hanno），并且很为它的高大而震惊。不久，大猩猩逃出来了，奥得诺太太和宾总是通过报纸上的专栏"在逃的大猩猩"来了解大猩猩的情况。使宾既高兴又吃惊的是，大猩猩最后居然逃到了老夫人的那座房子里。有好几天，宾都跑去看望这个巨大的、默默无言的动物，并且和它交朋友。虽然他很喜欢奥得诺太太，但他却没有把大猩猩的出现告诉她——也许她会和宾一样同情这个大猩猩，但是她毕竟是成年人；宾甚至还幻想着大猩猩会永远在这儿待下去。虽然宾只是个一无所有的孤儿，但他依然拥有一样东西：一种美妙的隐秘的知识，那就是秘密。我们能够理解为什么宾要极力保守这样的秘密，这个寂静的房子是用石头砌成的；他觉得自己就像这些石头一样，从最初的地方来到这里后就没有人理会了。宾感到自己和石头墙之间有一种亲和力，而石头墙还知道如何在不自然的环境中泰然自若。它们给他一种安全感，显然，这种安全感正是孤苦无助的他所需要的。

格林洛瓦的石墙内阴暗凉爽。傍晚的霞光照在花园里，霞光似乎不愿离去，因为它们如果能多等一会儿，就一定能和月亮约会。宾，梳洗得干干净净、整整齐齐的，正等着吃晚饭。他环视着整个房子，感到自己对它非常有依赖感——因为一个流亡者是不属于任何地方的。墙壁好像忘记了自己曾经是从石场被人采下和运走的，人们经过一系列自然的程序后又让它们立在这里，让它们在另一个地方安了家，岁月打磨和侵蚀着它们，但是它们依然是石头。就算人们在夜间进来，把门窗关好，把窗帘放下，也没有办法把泥土的那股野性关在屋外。……宾对着房子讲起了自己的一个秘密。

"有个大猩猩待在林子里，"他又轻声地补充了一句，"睡在它的窝里。"他说完了，房子用无边的寂静倾听着。玫瑰花僵硬的枝茎敲打着窗户玻璃，一群小猫头鹰噪叫着，把那些小鸟吓得毛骨悚

然，不管躲藏得多好，它们都不禁闻声而栗。房间看起来真是一个
值得信赖的知己，它没有露出任何痕迹来表明自己又知道了一个
秘密。宾觉得心里很解脱，他跑到厨房，想看看是否能帮奥得诺太
太做点什么。他们一起端着菜过来了，这是一顿很不错的晚餐。
他狼吞虎咽地吃着，每道菜都吃过两份后，他靠着椅子后背坐着，
无意识地拍着自己的肚子。他想起汉诺吃饱后也会做这个动作，
他看了奥得诺太太一眼，不由得笑了起来。她看着他那副模样，回
以一个神秘的眼神。①

从这里我们可以看出，宾和大猩猩汉诺之间的秘密正微妙地影响
着他与老太太之间的关系。这个秘密已经存在，但还没有被理解，甚至
还没有被识别出来。后来，宾躺在床上，可是脑子里却总想着他的秘
密，想着如何把汉诺藏得更隐蔽，使它不致挨饿，使它不要去吃有毒的
紫杉树叶，他的脑子一直昏昏沉沉的，而且他整夜都没有睡着。他十分
清楚，为了保守秘密、藏好汉诺，他必须负起自己的责任。

第二天的报纸报道说，人们已经开始到格林洛瓦附近的乡村来寻
找大猩猩了，报纸还呼吁公众一旦看见了大猩猩的脚印或是有其他任
何的线索都必须报告。宾和奥得诺太太一起坐在桌旁，一边吃早餐，一
边读完了报道。

> 宾痛苦不堪地看着老太太，脸色惨白。
> "我们不用害怕，"她说，"那还是它逃走那天的报道。现在它
> 有可能在任何地方。"
> "我不想它被人抓走。"宾费了很大力气才把这句话说出来。
> 奥得诺太太失望地叹了一口气，因为大猩猩将被抓走的事实
> 是不可避免的。"没有地方可以给它待下去呀。"……
> "它可以待在它现在所在的地方嘛！"

---

① 请参见 Boston（1961），pp.107－108。

"如果他们允许它这样，那当然行。但它得出来找吃的东西呀。宾，继续吃你的早餐吧。"

但是宾根本就吃不下了。①

这个秘密带来的影响所波及的远远不只是这个孩子、大猩猩，抑或奥得诺太太。因为最后警察和追踪者找到了奥得诺太太的房子这里，他们问了很多问题，并且留下话说他们第二天还要来对房子进行一次彻底的搜查。宾知道真相很快就会被揭穿，所以他非常渴望和奥得诺太太好好谈谈。

他们正在谈话的时候，外面又下起了暴风雨，暴雨来得很猛烈，就像一个人想尽力压住自己的坏脾气却没有做到一样。本应该是宾上床睡觉的时间了，但他却一直和老太太坐在屋里，看着窗外，最后他们都觉得非常累了。她说可以在她房间里为他铺一张床，但是他说自己不害怕，于是老太太看着他上了床……

宾抓住她的手不让她走，他本想说点什么，但他却只说出了"晚安!"两个字。她轻轻地把手放到他的额头上，看着他。他的额头结实光亮，但又让人捉摸不透。

"我真不知道你的脑子里在想些什么。"她充满慈爱地说。②

第二天，所有真相都大白于公众了。奥得诺太太发现大猩猩真的是藏在她的房子里，宾知道整个过程。由于一系列的误解，大猩猩汉诺被杀死了。

汉诺很小就被人捕获了，当时它的其他家庭成员已经被杀害了。在这一点上，宾和汉诺是十分相似的，他们都是初来格林洛瓦的陌生人，而且都是孤儿。宾的秘密对他自己来说是很大的，犹如汉诺庞大的

---

① 请参见 Boston(1961)，p.114。

② 同①，pp.147－148。

身躯:"它的出现让我想起了最高级的自然力量。"宾的默默无言也是无边的:"寂静在一千多里的山林里绵延,自然界的生和死在无情地交替,一千年就像一会儿。"[①]"真实的"世界因为藏有太多的秘密而有可能被彻底地取代。真正令人担忧的是,一旦秘密不再那么神秘,那么整个世俗的世界也可能不再是原来的样子,甚至连正常的秩序都不再能够得以维持。但是,生活依然在继续。

孤儿一样的自我就是失去了家园的自我。也许我们所有人的成长过程都是由孤儿般的自我的碎片组合而成的。有时候这些碎片会牺牲,因为它们难以与我们周围其他人相容,甚至与我们亲近的人也难以相容,所以无法存在下去。问题是人们童年或生活中的这些部分最终到底是被消解了,还是会对人生的所有阶段都有渗透作用呢? 如果真有渗透作用,那么是好的作用,还是不好的作用呢?

通过搜寻小说中所描写的秘密,我们知道秘密可以深入人类生活的方方面面。生活中隐含有秘密的那些方面往往显得更加激烈,也更有意义。秘密可以主宰整个人生。实际上,一个人的自我认同很受秘密的影响,甚至我们从一开始就可以用那些与他们得失攸关的秘密的类型来定义人们的自我认同。第二个自我、亲密的自我、困扰的自我、非法的自我、阴暗的自我、孤儿一样的自我等并不是关于自我认同的新原理的组成要素。文学作品并不会讨论关于自我的原理,但文学作品却给我们提供了独特的视角,使我们能透视人类经历的多样性。我们在这里只是开始作了一些可能的尝试。

---

① 请参见 Boston(1961),p.160。

第 5 章　秘密和隐私来自何处？

任何人都有自己的秘密，只是许多人至死都没能发现。

——斯特凡·马拉美（Stéphane Mallarmé）：《致奥巴内尔的信》
（"Letter to Aubanel"）

文学作品能让我们对秘密有一个更为含蓄的、感性的和体验性的理解，而哲学著作则能帮助我们为个人生活中的秘密现象找到概念化的、认知性的理解。

人应该总是坦率诚实吗？

哲学家康德在他的《伦理学讲义》（*Lectures on Ethics*）一书中提出，为了更好地相处，人们必须彼此以诚相待。只有愿意和他人分享自己的观点，愿意坦诚地对待他人，我们才能和周围的人维持较好的人际关系并且做到相互理解。如果不能彼此坦诚，所有的社会交往和对话都是没有意义的。事实上，这也是我们大家共同的感受。我们通常都比较坦率，愿意与人分享；如果我们身边有人举止怪异、不愿交流、躲躲闪闪、令人捉摸不透、孤僻冷淡，我们就会觉得很不舒服。同样，如果我们觉得有人一直在欺骗自己，或是对自己不诚实，我们也不会愿意和他交往。

然而，我们中也许没有人能做到对自己所遇见的所有人都完全敞开。有些谚语很好地描述了我们在某些情况下所表现出的保留、谨慎的态度。我们在有些本应该说话的时候却"保持沉默"(to hold one's tongue)，有时即使被人激怒，也得"忍住不说"(bite one's tongue)，不说出自己心里的想法。有些事情我们想向人倾诉，但并不是向任何人倾诉。而且，我们还是存在个体差异的，有人比较缄默，有人却很喜欢和朋友乃至陌生人分享自己的想法和感受。

康德认为品行良好和缄默少言之间有很密切的联系："如果所有的人都品行良好，那么我们就没有必要保持缄默；正因为并不是每个人都品行良好，所以我们才有必要关上百叶窗，而且每个家庭都会把垃圾箱放在一个特定的地方。"[1] 我们大多数人都有一些想独自保留的东西，有一些自己觉得尴尬的东西，有一些自己并不引以为豪的东西，或是一些自己不愿意在公众场合谈论的东西。但是，我们不应该混淆保持缄默和保守秘密之间的界线。所以，我们有必要探讨一下存在于缄默和秘密之间的一些联系。

保持缄默意味着什么？

康德在保持缄默和保守秘密之间划了一个明显的界线。一方面，他用"保持缄默"一词来描述以下一些情况：把事情藏起来不让人知道，不和人谈论自己行为的过失，将个人感受留在心里不与人说。另一方面，他认为"保守秘密"是不把别人告诉我们的事情说出去，尤其是别人嘱咐我们不要说的事情。这样，"保持缄默"(或是"保守个人秘密")与"保守他人所交付和告知的秘密"(social secrets entrusted to us by others) 之间的界线就很清楚了。后者所涉及的秘密"总是由他人告知和托付的，因此他们不希望有第三方的介入"[2]。康德用"保持缄默"

① 请参见 Kant（1978），p.224。
② 同①，p.225。

一词来描述人们对于个人秘密的态度，并且他认为人们这样做是有一定的正面价值的，因为人们这样可以保持自己人格的尊严。不和别人谈论、不向别人交付自己的私事是明智的做法。保持缄默或保守个人秘密就是一种掩饰自己的缺点和错误的倾向。

有时候，在掩饰自己的缺点或错误时，我们会给人一种错误的印象，即我们所表现出来的形象和我们自己的本来面目是不同的。矫揉造作和模仿都会产生这样的效果。比如，某个人自己有婚外恋情，但他并不对婚外恋之类的事情保持沉默的态度，相反，他一个劲地说任何卷入婚外恋的人都应该受到谴责，他想以此来掩盖自己有婚外恋的真相。就这样，他可以给人一种假象，他会让人们觉得他具有某些他并不真正具有的素质和优点。

保持缄默（re-serve）的字面意思是抑制、控制、放到一边。保持缄默主要是针对个人的事务而言的，社交性的秘密（social secrets）则主要是针对他人的事务而言的。因此，康德认为，个人的秘密通常容易守住（easy to keep），而社会的秘密则"很容易暴露，因而需要我们花很大的精力去防止将它们泄露出去"①。其实，他所强调的是自身利益（self-interest），因为涉及我们自己的利益，我们会尽力使自己免于陷入尴尬，却不会过分在意别人是否尴尬。

康德认为，人们更为偏爱的伦理之道是尽量保守自己的秘密，而不是努力去假扮那些不属于我们自己的角色。而且他还指出，保持缄默就是避免过于表露自己的思想。我们必须承认，有时候为了将一些个人的事情隐藏起来或是控制在内部范围里都需要花很多的精力。也就是说，要想守住自己的秘密不让外人知道并不是一件容易的事情。

人们相互之间能够真正做到敞开心扉吗？"如果所有的人都是善良的好人，他们就能做到坦诚以待，但这几乎是不可能的，"康德曾经这样说道。② 因此，他把保守个人秘密看成是人类不道德行为（immo-

---

① 请参见 Kant（1978），p.225。
② 同①。

rality）引起的必然后果。世界是不完美的，我们身边的人也并不全都是可以信赖的，如果我们不论事情大小都向人敞开心扉，那么我们就真是犯傻了。并且，生活中的很多事情也是我们羞于告诉他人的，比如我们在浴室里的习惯、在卧室里的行为等，这些都是个人的事情，告诉别人会让我们觉得尴尬。

显然，这一切都受着教育价值观（pedagogical value）的影响。为了保护自己的弱点（vulnerabilities）不受攻击，我们必须小心地学会克制自己，保守自己的秘密，维护自己的尊严。每个社会及每个历史阶段都有其独特的标准和规则，这些是年轻人都必须学习和了解的。在家庭生活、学校生活、公共生活和同辈关系的处理中，也同样存在着这样的标准和规则。① 比如，孩子们很快就会知道，回答老师的问题，或是在课堂上随便讲话，都可能给自己带来某些难堪——比如被人家认为无知、愚蠢、错误或是过于喜欢表现，等等。同样，年轻人也可以从他们的同辈中了解到有些感觉、思想或行为是不受欢迎的，或者说是不"酷"的。

可见，并不是所有必须保持缄默、不说出去的事情都与秘密有关。但是，保持缄默和保守个人秘密两者之间也会相互影响或重叠，它们也有共同之处，它们都涉及要和他人保持一定的距离。在有些文化中，社会距离（social distance）和缄默的意识会比在其他一些文化中显得更加强烈。

隐私因何产生？

同保守秘密和保持缄默一样，隐私也涉及亲近（closeness）和距离（distance）等概念。保守秘密和保持缄默主要是为了维持某种人际关系（interpersonal relations）；隐私则表现为某些人际关系的缺失或部分缺失（partial absence）。我虽然保守了某个秘密没有告诉某个人，但是我并没有因此而破坏与他之间的关系，秘密的存在只是让我们的关系

---

① 请特别参见 Elias（1939/1994）。

更为复杂一点，或是不够坦诚相见而已。在某种程度上，保守秘密者所要面临的局面会更为复杂。

记得我还在上初中的时候，我偶然发现我最喜欢的老师和我们的校长在亲热。我看见他们两个在艺术储藏室里拥抱在一起，就马上跑了出来，因此他们并没有看见我。我敢肯定他们当初一定以为门已经锁上了。有些家伙看到以后可能就会幸灾乐祸地把这一切都告诉别人，尤其是女孩子，她们最喜欢猜测老师之间的关系。但这可不是开玩笑的，因此我没有告诉任何人。但奇怪的是，从那一刻起，不管是对那位老师还是对校长，我都再也没法像从前一样尊敬了。更糟糕的是，我和那位老师的儿子是好朋友，而且她的儿子已经结婚了。我一直没有跟我的朋友讲起他妈妈的事情，尽管我有时也想过是否应该告诉他。很长一段时间里，这个被我严密保守着的秘密一直折磨着我。我不希望我朋友的父母离婚，我们学校很多孩子的父母都离婚了。而且，我的老师一直是一位很懂得激励学生的人，她懂得如何引导我们更加努力地学习。我真希望自己当初没有看到那一切。

有些秘密会使本来已经很复杂的事情更为复杂，倒过来的情形可能也会一样。有时候最好将秘密保守起来，因为讲出来会使关系更复杂。而对故事中的这位学生而言，两种做法都让他觉得为难。

因此，秘密的存在其实展示着我们所维持的人际关系。对于有些人，我们会严守自己的秘密，而对另外一些人，我们则会与他们分享秘密。然而，就隐私而言，这就很难做到了。我们保护自己的隐私就意味着我们拒绝与他人的关系。换句话说，秘密塑造、干预并且有时保护着某种亲密的关系，而隐私则限制和阻碍着人们彼此相互交流的机会。过分保护自己隐私的人就没有可能和他人建立起亲密的关系，甚至不会和他人有任何联系。因此，隐私也就阻碍着其他人或其他事情对相互之间的关系产生影响。

虽然人们并没有去刻意保护自己的隐私，但是由于我们遇见陌生人时容易显得害羞、生疏，在他人看来，就觉得我们是在保护自己的隐私。我们也经常对"保持缄默"一词的内涵产生误解。生活中，有些人相对而言会更经常地保持缄默。但是，有时保持缄默会让和你在一起的人感到不舒服。保持缄默的人好像是在用一种消极的方式将自己和别人隔离开来，或是部分地将自己封闭起来，使别人难以接近。因此，保持缄默和保护隐私似乎都包含着退避、收敛的意思。保持缄默主要与处理人际关系相联系，缄默和害羞虽然有时会让交往显得困难和窘迫，但有时也会让交往更有意思。相反，一个人如果过于注重保护自己的隐私，就是拒绝他人进入自己的交往领域，拒绝与人建立亲近、个人化的关系。这是一种有意的拒绝（deliberate denial）和主观上的阻止，我们可以从私人住所外面的各种牌子上感受到它们的冷淡和漠然，比如，"私人住所，非请莫入"，"请勿入内"，"请别靠近"，"禁止侵扰"，等等。

保护隐私还意味着不许别人了解自己的一些私密信息（如既往病史、性偏好等），拒绝别人对自己产生影响或施加控制，防止别人侵犯自己决定个人事务的权力。我们珍视个人空间（private space）的主要原因就是为了防止他人干预自己的生活。在我们自己的空间和领域里，别人没有权力，也不应该有机会来侵扰我们的生活或打听我们的私事。"家就是我的城堡"就表达了这种愿望，希望别人不要进入自己的空间，也不希望和他人建立什么关系。但是，公司信息网络系统、政府计算机档案系统、公共监控系统，乃至家里使用的录像机、个人电脑、无线监听设备等，都有可能威胁到人们的隐私权。

况且，隐私权又不同于财产所有权和其他的人身自由权，它有更为丰富的内涵，所以不可能对其漠然处之。隐私权是人们生活中的一个必要条件，如果不保护人们的隐私，就很难保证人们的道德和尊严。由此可见，人们保守秘密、保持缄默等体验都是源起于隐私的存在，隐私使人们把自己和别人分割开来，从而促成了人们保守秘密和保持缄默等行为。

　　一方面，隐私与住宅的建设、墙壁的构造、隔间的设立等都有密切关系，也与是否允许个人、夫妻以及家庭享有避开人群的独立生活空间有关。房子和街道的正面部分（frontal areas）通常是公共空间，人们可以在这里见面、交谈，甚至还可以观察彼此的行为；然而，后院、里弄和天井通常是不能轻易让外人进入的，人们在这些地方会更为随意。面临着来自公众的压力，许多文化和现代技术都建立了复杂的制度以保护和尊重人们的隐私。① 带锁的箱子、紧闭的大门、篱笆、百叶窗、戴着面纱的脸、东方家庭里薄如纸页的墙壁等都是各种不同文化中珍视隐私的例子。

　　另一方面，在有些文化习惯中，人们还会通过注意力的转移和从公众活动中退出等方式来回避他人的隐私。一旦我们必须集中精力或注意力去做某些事情，我们就"自然而然"地卷入了一种保护隐私的行动之中。当我专心去做某件具体的事情，或专心和某个人交往时，我就不可避免地要把注意力从身边的其他人或事情上移走。注意力、专注、用心等都是具有排他性的，要求人们把自己当下参加的活动同其他的活动分离开来，把目前的某种联系和以往的联系分离开来。

　　在拥挤的机舱里，如果有人想自己安静待上一会儿，那他很有可能会拿出一本书，以告诉别人自己不想被人打扰。航程较长的飞行中，飞机上通常备有耳机，耳机所起的作用也是帮助提供一种个人的空间。在西方国家，人们在日常生活中也很尊重他人的隐私，尤其是看到他人正在专注地做着某件事情的时候。如果有人在专注地读一本书，或是修理一件设备，或是写一封信，或是做一些体育运动，甚至是打盹小睡一下，他们都会希望别人不要去打扰自己，使自己走神，因为他们持续这一活动不仅需要内心的宁静，也需要一种外在的空间。我们经常能从一些细节之处觉察到人们对隐私的需求，如专注的眼神、高度集中的注意力和紧张的肌肉，甚至还有小睡之后一些惬意的手势，等等。好的教师经常能觉察并且辨别哪些学生正专注于他们的学习活动，不

---

　　① 请参见 Wilson（1988）。

应该去打扰他们，哪些学生是假装认真，其实却在开小差。

可见，隐私的产生包括一系列的行为模式（behavioral modes），而这些行为模式又与具体的环境相关联。人们的行为习惯或面部表情都有可能成为人们表达隐私的方式。在社交场合中，背对着他人、远远地站在一边、拉着一张毫无表情的脸等，都是人们用来保护自己隐私的方法和文化习惯，这些做法所传达的意思是：人们不希望他人靠近自己，暂且不想和他人建立社交关系。

秘密因何产生？

秘密的特征之一就是它和缄默一样具有人与人之间的一种关系性的特质。通过秘密和缄默我们经常能探查人们之间的界线，发现人们的隐私空间，也能判断自己与他人关系的某些特点。隐士们选择的是极端的隐私，因此他们根本不关心秘密与缄默的真正含义与要求。同样，完全不相识的陌生人不会彼此分享秘密，也用不着彼此隐藏秘密。事实上，给一千个陌生人（以后也不会再见面）讲述自己的秘密比给一个在自己生活中有着重要地位的人讲述秘密会更容易。

即使是最简单的秘密，也具有相对性，也是与他人相关的：秘密就是我知道你却不知道的事情！因此我们对他人保守自己的秘密就意味着，我们经常会从一种反射的角度来思考自己与他人之间关系的特殊性，也会用各种办法使自己去适应他们。有时候，人们之间的关系往往会被那些我们并没有刻意寻找，但却无法避免的秘密所破坏和玷污。

小时候，去叔叔和婶婶的家总是一件令我激动的事情。他们有五个孩子，我们家只有三个。他们住在小镇上一栋很有特色的两层楼房里，我家住在市里头，但是我们的房子与周围别的房子设计基本相同。我是家中唯一的男孩，堂哥是他家唯一的男孩。我们一起谋划着自己的生活，我们想自己买一艘游轮到欧洲去旅行，但我们却没有考虑就自己的财力而言，我们该如何实现这些目标，我们只是相信这些一定会实现。他家里允许孩子有这种幻想；我家则不然，尤其是父亲，他认为我们是在胡说。

有一次，我在堂哥家里睡；这是一张双层床，他睡下面，我睡上面。我虽然有安全感，但是觉得轻飘飘的，好像还有点头晕。这间房子和我的房间大不相同，他房里有衣柜，而且我们还可以从窗户外面爬上屋顶，我们想象着自己长大以后将是什么样子。我们觉得自己一定会很富有，因为富有的人可以拥有一切，甚至还会有游轮！

"要是生活总能这样该多好呀！"我心里想。"我想要有个兄弟！"这间房子成了一个有魔力的地方，在这里一切都有可能实现；我们谈得越多，就越觉得这间房子独特，甚至整栋房子都变得独特了。不知为什么，我们决定从自己房间里溜出来，偷偷溜进叔叔和婶婶的房间。我们踮着脚、轻手轻脚地走到了他们的房前，有时也忍不住想咯咯地笑，轻轻地推开了他们的房门。那间房子很大，我们往里一看，发现叔叔正坐在床上滑稽地看着我们，婶婶从被子里探出头来，笑眯眯地看着我们。我被叔叔的体形吸引住了，他看上去很强壮。就在那一刻，我突然意识到，我应该待在这个家里，我真希望威尔伯叔叔就是我的爸爸。我觉得堂哥是世界上最幸运的男孩子。

第二天，父母来接我回城里，一路上我都在和自己的感情作斗争。我为自己想成为别的家庭的一员感到内疚。"我是一个怎样的儿子呢？"我沉思着。然而，我又面带微笑，做着白日梦，幻想自己和叔叔、婶婶、堂哥住在一起。爸爸妈妈总是问我在威尔伯叔叔和阿琳婶婶家过得怎么样。在我看来，他们的问题简直就是没完没了。虽然我想尽可能随意地回答他们的问题，但我觉得自己身体僵硬、很不舒服，我都快露馅了。

"你没事吧？"妈妈问我，"你怎么这样安静呢？"

"没事，我很好。"我回答说。在回家的路上，尽量把自己的脸移开，不让父母从汽车的后视镜里看到我成了我的一个重要任务。我不想让他们了解我的真实感觉，但我却没法否认这种感觉。终于到家了，父母都没有发觉我的不对劲，我飞快地跑回自己的房间，放下包，长长地舒了一口气。我为自己的成功掩饰感到高兴，并且觉得自己很聪明，但我的心情却非常矛盾。一方面，我觉得很羞愧，但另一方面，我又总是回忆起我在另外一个家庭度过的那个美好的夜晚。

在孩子们不愿将某些感觉告诉父母或家里其他人的时候，他们会第一次体会到秘密神奇的分隔力（extreme separating powers of secrecy）。当他们觉得自己与别人不同时，他们也就有可能获得一种自我认知。在体验秘密的过程中，孩子们会发现一些新的东西：内在的灵性（self-knowledge）、隐私以及内心世界里其他看不见的东西（inner invisibility）。因此，孩子们对自己的感觉的隐藏其实是一种成长的标志，是他们走向独立的标志。孩子们通常不想让父母了解他们这种内心的斗争，然而在成长的过程中，任何人都会经历这种斗争。

我还是个小孩的时候，我就很喜欢和爸爸、爷爷一起出去打猎和钓鱼。森林里的新鲜气息能把我的所有感官都调动起来，让我高兴不已——尤其是在秋天，树林里有一种刺鼻的气息；泥土暖暖的，色彩艳丽纷呈，似乎要与那灰蓝色的天空连到一起了；清晨的树林静谧和谐，丝丝凉意扑面而来，我们就在这种环境中耐心地等待着。

记忆中保留的总是这样一些景象。直到有一天，树林里的宁静被一声来复枪的枪响打破了：爸爸射杀了一头梅花鹿。那年我刚好 5 岁。

我一回到家，就急急忙忙跑去告诉爷爷，我非常激动，描述得绘声绘色："只听到砰的一声枪响，小鹿就倒下了，血马上就流了出来。"我本来还想和家里的其他人分享这件大事，但在我的内心深处，我知道自己根本做不到。我假装自己很高兴，其实我却非常难受。我为什么会表现得如此不同呢？我为什么会为小鹿的死和林子里宁静的丧失感到伤心呢？

也许这就是在这个时候，我意识到自己和家里至亲的人之间还存在着很严重的隔阂和分裂。但这个秘密一直被我保守着，直到我长大成年。

人们之间的关系总因为秘密的存在而出现变化。即使另一方对保守秘密之事全然不知，但彼此之间的关系还是会有微妙的变化。缄默也具有这样的关系性特质。当我们越来越了解一个人时，彼此间保持缄默的程度也会慢慢地减弱。

秘密并不只是源于要将某个事情隐瞒起来不让别人知道的有意识行为，秘密还源于对一件事情给予不同的解释的行为（这也是谎言的起源）。之所以会有这种可能，是因为事情的真相和事情留给人们的印象之间存在着区别。于是，我们有的时候就会通过赋予事情不同含义的手段来"隐藏"事情的真相：我们会用一些特别的方法（误）读 [（mis）reading]、描述（recounting）和解释（interpreting）事情。用专业的术语来说，这种做法就是作假或装糊涂（*dissimulation*）：口是心非（hide under false appearance）、掩饰真相（dissemble）。秘密有时也是这样的作假与掩饰。

有时候，我们会莫名其妙地被一个看起来缄默少言、高深莫测、神秘难料但又羞羞答答的人所吸引。相反，隐私却会否定或破坏人们之间的关系。一个过于警觉地保护自己隐私的人实际上就是把别人拒于他的圈子之外，故意地冷淡别人。当然，这种封闭（closedness）也有可能会引起人们的兴趣和关注。比如，人们对著名作家或艺术家的私人生活所表现出来的好奇和兴趣就足以证明这一点。虽然我们对名人的私生活可以有种种猜测，但他们的隐私又让我们清楚地知道我们并不是他们生活中的一部分。

第 6 章　秘密和隐私的区别

有时我们想拥有的是隐私，而不是秘密。

——作者题记

秘密和隐私在关系意义上有区别——秘密解释关系，隐私则拒绝关系——而且它们在其他方面也还存在着不同[①]。更好地了解隐私和秘密在我们日常生活中的作用将有助于指导我们的行为，尤其是与孩子相处的时候。

亲密的因素

每个人都不同于他人，而且与他人分离。从这种意义上说，每个人都是属于自己的，是隐秘的（every person is private）。因此，尊重别人的隐私就意味着给予他独处的、不被打扰的空间，或是允许他和他的同伴共享他们自己的隐私领域。当然，隐私并不只是保护个人不被外人（outsiders）所干扰，它还保护家庭成员、情侣以及关系密切的好朋友不受外人的打扰。因此，保护隐私就意味着保护和肯定内部人员（insiders）的亲密关系，拒绝外人（outsiders）的接近（access）和介入。

在具体的文化背景中，人们并不难了解什么情况意味着隐私遭到

---

① 对此处所说的不同，详细情况请参见 Wilson（1988）。

威胁和侵犯，什么时候宣称要保护隐私是不恰当的①。例如，如果有人站在窗外长时间地盯着我看，那我的隐私就受到了影响。但如果他只是恰好从我窗前经过，顺便朝里看了一下，那我就不必大惊小怪想得太多。如果有同事从我的桌上拿出一封我的私人信件去看，我就可以义正词严地抗议："别这样，这是我的隐私！"如果他只是要看我桌上的报纸，我的反对就不必那么严厉。他也许只会面带惊奇地说一声："哦！我只是想看看报纸！"人们被问及自己在卧室里的一些行为习惯时，往往可以理直气壮地拒绝回答。但如果他们不愿意回答有关自己工作性质的问题，他们就不可能以这是隐私为理由加以拒绝。

这些例子表明，并不是所有进入和靠近他人私人空间的行为、侵扰他人财产的行为以及对与他人生活有关的信息加以控制的行为都会涉及隐私的领域。只有某些影响人们私人和亲密空间的侵扰、信息或者控制才会转变成侵犯隐私。换句话说，隐私保护的是私人的、隐秘的东西（privacy protects what is personal and intimate）。

毫无疑问，和朋友或情侣分享某些秘密能使彼此的关系更为密切和亲近，但也并不是所有分享秘密的行动都会带来这样的效果。人们往往会因为害怕消息传播出去以后自己的利益会受到侵害而拒绝将某些事情告诉他人。同样地，人们也会期望自己能通过和人分享自己的秘密而获得某些优势。也就是说，秘密并不一定涉及私人的、隐秘的东西。当然，秘密的存在表明，在人们保留自己的秘密或与人分享自己秘密的行动背后，总存在着某种力量。一个孩子守住自己的秘密不让父母知道，事实上就是在以保护自己隐秘空间的形式来隔断自己和父母之间的关系。也许孩子们认为保守秘密是逃避惩罚、免受羞辱、忠于朋友的必要手段。同时，孩子们守住秘密不让父母知道就很可能使自己和父母之间已经保持着的关系复杂化。

虽然隐私解释了一种使自己脱离社会关系的动机，但是隐私的终

---

① 下面的例子引自 Inness（1992）。然而，她在书中讨论的是隐私与秘密之间在法律上的差异。

极目的却是更好地保护某种亲密关系。亲密与人们获得安全隐私的需要是紧密相连的。亲密指的是人们生活中的深层部分，它的意义来自于爱、关心、亲近等概念。亲密不仅定义了人们社交中的一种亲近的关系，也能够指向个人的领域。比如，如果有人正在清洁身体，其他人却坚持要进浴室来，那么他就会觉得没有隐私。①

因此，保护隐私就意味着保留某些行为、信息或生活空间与自己觉得有亲密联系的人共享；也可以意味着保留个人的隐私，就是希望"一个人单独"待着，不受他人的打扰。当人们提出要"隐私权"（right to privacy）时，他们实际上是在寻求一种选择和决定权，即选择与自己分享亲密空间、靠近自己的人，划定自己的个人空间和身体空间的权力。

在亲近的关系内是不可能有隐私存在的，而在亲近的关系之外是不可能存在亲密的。那些没有和他人建立亲近关系的人往往渴望获得亲密。而获得亲密的一个做法就是与人分享自己的秘密。分享的秘密越多，亲密的关系似乎也会越牢固。在建立亲近的关系时，每个相关者都必须用一种独特的方式来与同伴分享秘密，这种独特的方式是不会用于任何其他人的。在人际交往中，人们只会对那些值得信赖的人慢慢地、小心地吐露自己的秘密，他们相信自己倾诉的对象愿意分享而且也会尊重这些秘密；亲密关系就是这样逐渐建立起来的。可以说，秘密是"亲密的硬币，亲密关系发展中的流通货币"②。

亲密的接触（intimate contact）是一种直接的、没有障碍的接触："亲密的条件就是，在某种关系中，参与者双方都只注意到对方，而不会注意到其他的目标或超个体结构（super-individual structure），虽然它

---

① 当然，我们再次重申，这些理念是由文化所决定的。在很多文化圈子里，没有浴室这个概念。但是，如果你认为在这样的文化中，因为人们如厕时在公共卫生间里一个挨着一个，就不存在隐私感的话，那你就错了。实际情况是，人们必须练习一种有选择性的"视而不见"——当某人身体上有什么动作，或者说在大小便时，你只是（装做）没有"看见"而已。相反，在西方社会中，破坏隐私的行为会引起尴尬或羞耻，比如说，某人忘记锁上厕所的门，别人碰巧打开了门，看到有人正在"使用"马桶，不知情的闯入者和正在如厕的人双方都会吓一跳。

② 请参见 Meares（1976），p.259。

们确实存在着，而且在根据它们自身的原理运行着。"①因此，分享秘密往往能使人们之间的距离变得更近。这也很好地解释了为什么那些冷漠、孤僻、不想让人靠近的人往往会避免和他人分享秘密，因为这样做会使他们团结起来，也会赋予他们责任。

秘密总会有利于建立亲近的关系吗？有些秘密是不能与同伴分享的，因为揭露这些秘密会造成伤害和冒犯——尤其是当秘密涉及别人对同伴所犯下的错误（比如婚姻中的不忠）时更是如此。为了不拆散和疏远业已建立的亲近关系，我们会觉得最好避免某些秘密的分享。就连小孩子也能很快感觉到揭示某些秘密会给爸爸妈妈的关系带来什么后果。一方面，不把秘密说出来并不是说害怕惩罚，或者害怕父母生气，而是因为不想让父母感到沮丧或是过分担心。另一方面，也是更为重要的一个方面，秘密所带来的亲密关系能给人们以安全感和舒适感。

在某些有利的条件下，身体上的亲近（physical closeness）可能促使亲密关系的产生，至少可以起到刺激的作用。这也就是为什么那些照料人们的身体和生理需要的人（如美容师、理发师、护士等）往往能更容易地参与到陌生人的谈话之中，或者还有可能分享他人的秘密。要是在平时，人们可能只会把这些秘密与最好的朋友或最亲密的人分享。马林尔斯·特拉斯（Marinus Traas）观察了一个小孩子在幼儿园的第一天。② 很明显，小姑娘非常沮丧，因为妈妈把她一个人留在了一个陌生的环境中。最后，在老师把她拉到一边后，她就开始对周围的孩子们所作的游戏表现出了一些兴趣。究竟是怎么回事呢？老师是这样解释为什么这个孩子会停止哭闹的：原来老师带她去了卫生间撒尿。特拉斯说，在老师帮助她完成人最基本的生理功能的过程中，小姑娘体验到了老师的关心。或者也可以说这种体验使孩子对老师有了一种亲密感。事实上，教孩子上卫生间的教育意义并不在于教他们学会讲卫

---

① 请参见 Simmel （1908/1970），pp.127 - 128。

② 请参见 Traas （1994）。

生，而更在于培养一种亲密感。而那些孩子尿湿裤子的原因之一也许就是他们还没有获得这种基本的安全感。

要想获得安全感，不仅需要身体（或生理）上的亲近，心理上的亲近也是必要的。特拉斯得出结论说，每个孩子都有与父母或老师分享自己的小秘密的需要。父母或老师必须分享孩子们小小的喜悦，分担孩子们的恐惧，使他们的感觉不被误解，使他们的小秘密不至于被人利用或滥用。①

如果一个秘密被人利用，或是不被人认可，或是冒犯了同伴，那它就很可能会转变成为人们之间无声的障碍。孩子之间是这样，成人之间其实也是这样。但是对亲密的伙伴保守一个"令人内疚的秘密"（guilty secret）时，无疑含有某种讽刺的成分：由于做错了事情，或是冒犯和背叛了朋友而感到内疚的一方也许会表现得更周到，因为他会尽力弥补自己的过错，慰抚自己的良心。正如一个女人所说的："丈夫带花回来给我，我会非常高兴。但有时我也在想，这花是不是也是引起我的疑心的原因呢。"有时候的情形要复杂得多。我知道他的秘密，可我却不让他看出来；他知道我已经知道他的秘密，可他却不肯承认。这样就产生了具有强烈的冲突可能的"双重秘密"氛围："我们之间冲突的剧烈程度完全是由我们对秘密的知情情况决定的。"②

和陌生人保持亲密的关系意味着什么呢？这得看情况而定——比如，当人们坐火车长途旅行、搭汽车出行，或者做电视谈话节目时，他们就有可能和绝对的陌生人分享平时只和亲密的朋友分享的秘密以及个人的生活细节。③ 但是，话又说回来，这种分享并不会自动地将他们间的关系转变为亲密的关系。原因是这些与相对陌生的人分享的并不是真正

---

① 请参见 Traas（1994），pp.60 - 61。

② 请参见 Baudrillard（1990），p.79。

③ 虽然我们说"没有亲密的关系，亲密感是不可能存在的"，人们有可能会与陌生人发生一些隐秘行为，即某种准隐私行为。例如，人们可能与远离自己家的某个陌生人发生性关系；他们的举止如果是在他们自己的环境中，是连做梦也想不到的。可是，当然，"真正"与陌生人发生的隐私在用词上是自相矛盾的。而与关系密切者之间拥有的隐私，诸如在家庭这个私人空间中个体对隐私的要求，可以被称做"双重隐私"。

共同体验过的秘密，尽管秘密的内容可能是平时只讲给密友听的。

因此，在形成亲密关系的过程中，真正起作用的并不是秘密的内容，而是双重秘密的形式或体验的特质：即"秘密中的秘密"。实际上，在日常生活中，夫妻之间、父母与孩子之间经常会将一些琐屑的事情（个人的小缺点、个人特质、小矛盾、相互妨碍等）隐藏起来不说，而且大家还会尊重和保护这种秘密。在某种程度上说，这样的隐藏还有利于维持和改善彼此之间的亲密关系。这些秘密所涉及的行为通常都是无罪的（比如特别贪吃巧克力），所以也不会引起人们过分的担忧和关注。[①] 人们在生活之中总是要作一些掩盖的。

内容的因素

如果说某人遮遮掩掩的，就意味着他或她保守着一个秘密不想让与其有关系的其他人知道。但是，如果说某人是隐秘的，这里的隐私和隐秘会意味着什么呢？换句话说，我们遮遮掩掩的行为就是保守一个秘密，但是我们却不能说隐秘的行为意味着保护自己的隐私。[②] 人们可以保守秘密，却不能保守隐私。"秘密"（secret）可以是名词，但"隐秘的、隐私的"（private）却不能做名词使用（在 in private 一词中，private 的意思没有变，但它不是名词；而 private 做名词用时，表示的意思是二等兵）。

当我保守住某个秘密不告诉他人时，这个秘密就是我们之间的隔

---

① 有时候，这些秘密是"可怕"的，比如说，乱伦、犯罪、虐待、酗酒、吸毒、卖淫等。一旦这些记忆变成生活中无法解决的心理问题时，这样的秘密可能给孩子们或成年人带来长期的不良后果。病态的秘密并非普通意义上的秘密。对于有过某种痛苦的童年经历，并且不能再回忆这些经历的人来说，他可能不知道这些病态的秘密。这些创伤可能在此人今后的生活中以梦幻秘密的方式出现——或在梦中，或以神经官能症的形式，或以其他精神变态的方式展现出来。梦幻是秘密，不被人承认，然而却会流传，或者在某些圈子里，尤其是家庭的圈子里交流。请参见 Rashkin（1992）有关压抑性秘密的心理分析疗法。

② 请参见 Garrett（1974）。

阁；当我和某人分享一个秘密时，那么这个秘密就会使我们团结起来，并把其他的人排斥在我们的秘密之外。但是，如果我要保持隐秘，那么我就会把自己的整个生活、整个人都当做秘密。当然，有时候保持隐秘也包含有保守秘密的做法。比如，我们经常看到矗立在山顶上的被高高的石墙、厚密的篱笆和带尖钉的大门包围起来的房子。这样做的目的就是不让那些过路人看到里面的景色，虽然过路人会怀疑这些高墙的背后究竟有什么秘密。房子的私人领地保护了另一个世界，一个外人不允许介入，并且也无法介入的世界。

因此，隐私所涉及的"秘密"内容与秘密所涉及的秘密内容是不同的。秘密的内容总是某项具体的事情、某个具体的行为或是某种具体的知识。而隐私所涉及的"秘密"好像带有一种隐喻性的意义（a meta-phorical sense）——它会使人联想到某种隐藏的东西，但所隐藏的并不是任何东西，而是某个拒绝外人靠近的地区（zone）或领域（sphere）。秘密遭到破坏并不只是人们对秘密表现出兴趣，而是人们把整个秘密都揭露出来；相反，隐私遭到侵犯并不一定是隐秘的东西被人发现了，只要是没有经过许可就想方设法（如未经允许进入、偷听谈话、偷拍照片等）靠近他人的私人领地，就是对隐私的侵犯。再如，某个机构从计算机上获得了我的个人信息，虽然他们宣称他们根本还没有利用我的这些信息，但我同样可以说他们侵犯了我的隐私。[①]

因此，我们说自己缺少隐私或失去隐私时，并不是因为别人已经发现了我们的秘密信息，而是因为别人喜欢打听我们的私人事情，或是有靠近我们的私人生活领域的动向。换句话说，虽然我们并没有真正失去什么，也没有人真正入侵我们的生活，但我们仍然可以觉得自己失去了隐私。为什么呢？因为说到底，隐私是控制着我们生活的一种心态、一种情绪（mood），而不是某个具体的空间。隐私相对而言更与对个人范围的控制相关，而不是涉及一些被故意隐藏起来的具体内容或信息。如果人们真的对找出某些秘密信息的具体内容感兴趣，很可能

———————

① 请参见 Inness（1992）。

会有人要求他们出于安全或信任而隐藏这些秘密。揭示出秘密的真相就意味着背叛守护秘密的人。相反，如果人们想去打探私人的事情，那么有人就会告诉他说这不关你的事情，还是少管闲事吧。私人生活的细节很容易激起我的好奇心，但是我也并不一定会对这些感兴趣。然而，如果有人故意把一个秘密隐藏起来不告诉我，我通常就会认为了解被隐藏的真相将对我产生一定的影响。

隐私要求人们在自己的社会生活中保持一定程度的谨慎和判断力。如果一个小孩子在公众场合露出自己的私处，那么他并不是在泄露一个秘密，而是在以一种不合适的方式处理一件与他的身体有关的私事。① 同样，我们批评孩子将家里人的信息告诉陌生人或非家庭成员，并不是因为他们出卖了秘密，而是因为他们对家庭隐私的处理方式不谨慎。在不同的文化背景中，要保护好隐私还必须先学会某些特别的社交规矩。

当然，我们也已经了解到家庭生活中有很多方面确实是秘密，而不仅仅是私人生活事宜。我们提到过一些强加给孩子的"可怕的"家庭秘密，因为它们故意掩盖了一些本可以公之于众的事情。但是，病理性的（pathogenic）家庭秘密和童年秘密不在我们的研究范围之内，因为心理学家和精神病学家以它们为研究对象作过很多的研究。这种受压抑的秘密通常会对这些家庭的孩子产生深远的、破坏性的影响。②

语言的因素

虽然秘密通常是指某种具体的内容或物质，但是真正要紧的并不是内容的具体特性。几乎任何东西——任何信息、行为或物体——都可以被当做承载秘密的物质。真正起作用的不是内容本身，而是语

---

① 请参见 Elias（1939/1994）。

② 请特别参见 Cottle（1980/1990）。另请参见 Imber-Black（1993）。

言、传播手段，也就是内容得以传播、隐藏或揭露的途径。如果有人告诉我们说一个好朋友整个周末都不在家，我们很可能就会从表面（face value）来理解这条信息；但如果说这是一个"秘密"，那么我们就会认为这个故事中还有更多的内容。秘密的框架中承载着某条具体的信息或某些具体的知识，同时，还传播着信息以外的意义——就拿我们上面提到的这条信息来说吧，它看似平淡，其实却隐含着好几层深层的意义。

首先，秘密的媒介（medium of secrecy）本身就是信息，这种信息输入和承载了某些行为以及信任、隐秘、信心和特权等方面的期望。有人将自己的秘密告诉我们，我们就知道有人信任我们，尽管他们破例把秘密告诉我们了，但我们还是必须把他们的信息保密。我们在参与一种关于秘密的奇特的语言游戏，如果我们想成为一个能被他人委以秘密、值得他人信赖的人，我们就必须掌握这个语言游戏中一系列的规则和技巧：沉默、回避、委婉、迂回、保护信息来源等。

其次，秘密的媒介还附带着一种绝对的信息：如果有人把自己的秘密告诉我们，那么，作为局内人，我们之间就建立起了一种责任、亲近或亲密的关系。分享秘密的行为本身就表达了信任和建立亲密关系的期望。换句话说，把自己的秘密告诉另外一个人时，我们不仅传递了信息和知识，还给那个人赋予了一种特别的道德责任。被人选择为分享和交流秘密的对象，在某种意义上也就意味着获得了局内人的身份和特权。

最后，秘密的媒介创造了另一个世界。在这里，事情的真相和它们留给人们的印象之间可能会有差距。因此，秘密要求对环境重新作出解释。比如，对一个男人来说，如果他的情人亲口对他说自己怀孕了，那么这对他而言是有着特别意义的。但是，如果他是从别人那儿知道她怀孕了，她却对他保守着自己怀孕的秘密，那么这个秘密以及怀孕的信息本身就会有另外一个维度的内容。换句话说，保守秘密的做法重构了对秘密信息本身（怀孕）的解释。① 一旦我们通过他人之口知道了某个人的秘密，那么我们就会对曾经了解到的关于这个人的情况都持

① 请参见 Bellman（1981），pp.8 - 11。

怀疑的态度。如果发现某人在某些方面有不光彩、不尽如人意的地方，我们很可能会对他的其他方面也疑神疑鬼，尽管他在那些方面光明磊落，没有什么可以遮掩的。可见，揭露秘密的方式不同，那么对秘密与相关的情境、活动和关系的解释也会是大相径庭的。

道德的因素

就所涉及的关系而言，隐私和秘密之间的界限已经分明，而且它们有着不同的内容，不同的功能；有时候，在一个人看来是隐私的东西在另一个人看来却只是秘密而已。同样，在一种文化中被认为是隐私的社交环境或活动在另一种文化中则被认为是秘密。比如，在北美，夫妇之间的性生活通常被当做隐私的或家庭内部的事情，而婚外性生活则经常被当做秘密，是不会告诉外人的。因此，秘密和隐私的真正意义至少是部分地由社会所认可的价值观来决定的。秘密既包含着积极的意义，也包含着消极的意义。相反，隐私则主要是积极的，是人们所期望的，并且也被当做一种法律的或道德的权力。保守秘密的主要目的是保护兴趣，或者避免受伤害。而当我们把某些事情看成是隐私时，我们的言下之意是别人没有权力来了解这些，因为他们不属于隐私所保护的亲密范围。我们可能会对别人的私生活怀有兴趣或好奇，但是，他们的生活细节并不会影响到我们，也不会和我们有什么关系。相反，在某些情况下，秘密则有可能影响我们的利益，影响我们和他人的关系，因此我们有权了解秘密所涉及的与我们相关的事情。

秘密和隐私：一个小结

总而言之，秘密和隐私之间到底有什么区别呢？首先，秘密在本质上是利于建立关系的，而隐私则是拒绝与外人建立关系（只有亲密的局内人除外）。其次，隐私通常是出于保护亲密关系与个人空间，而秘密既可能是关于我们自己的事情，也可能是关于他人的事情，是一种非亲密（non-intimate）的信息。第三，就秘密而言，我们关注的通常是具体的某个事件或行动，而隐私则不是对具体事件的关注，隐私不具有这样的具体内容。第四，秘密就像一种语言、一种交流模式，它需要代码、解释和重新解释。它赋予我们所说的和所做的以形体和意义。相反，对局外人保守自己的隐私则是一种非交流（non-communication）行为。第五，隐私注定就是一个与道德相关的概念。我们都会要求自己有"隐私权"，却不会要求自己拥有保守秘密的基本权力——尽管用以保护公司利益、专利、军事和政府机密的法律确实存在。但是保守这些领域的秘密并不是因为这是基本的人权，而是因为这些秘密对某些个人或团体有着特别的优势，这样做是出于经济的、政治的或者战略的目的。事实上，有些秘密是无法从道德的角度来解释的，甚至有的还得受道德的谴责。

我们为什么会珍视秘密和隐私？

那么，我们究竟为什么会珍视秘密和隐私呢？我们在这里的兴趣点不是关注公司的、政府的和军事的秘密。[①] 我们首先要问：秘密对于我们的个人、家庭和社会生活到底具有什么价值呢？答案明显是保守秘密能够维护我们的个人利益，因为他人知晓我们的秘密（如信息、物品或行动等）后，就会利用这些秘密信息来暗中陷害我们、惩罚我们、剥夺我们的优势。秘密在人类生活中还具有很多别的价值。对秘密的体验有助于形成我们的自我认知和自我角色：我们可以通过秘密来体验别的世界，探索未知的意义，获得深层的自我意识和自我认知；可以通过与他人分享秘密建立亲密和委婉的人际关系。很明显，秘密还具

---

① 有关这方面更广泛的讨论，请参见 Bok（1989）的精辟见解。

有教育学意义。

对于隐私，我们也可以问同样一个问题。作为人，我们为什么要珍视隐私呢？很显然，隐私能确保人们对个人空间、个人信息的控制，也可以营造一个安全的亲密领域。隐私的价值就在于它能使我们的生活不受外来者的侵扰，使我们的个人事务免受他人决策的影响和控制。但是，人们珍视隐私的最终目的并不在于它给我们带来的这些方面的益处，而在于它确保了我们的自主权，体现了对个体身份的尊重。孩子们和年轻人在学校的成长与此尤为相关。在他们的成长过程中，隐私所具有的教育学意义在于隐私能够培养他们的自立、自力（personal power）和自主（autonomy）。秘密也具有同样的潜能。从定义来看，秘密反映了孩子的内心世界的一部分。因此，对不同人的秘密都应该区别地对待。所以，我们可以毫不夸张地说，秘密和隐私都有助于形成人们的内在能力（inner competence）。

然而，孩子们通常都不可能有个人的空间来保守自己的秘密，避开大人的干扰。在学校，他们也完全处于老师的注意和影响之中。

坐在座位上，笔直地坐好，认真听讲！这些新规矩标志着我将从幼儿园过渡到"大"学校，我的哥哥姐姐们已经先于我进了"大"学校。我们班上有 48 位同学，如勒夫人（Mrs. Ruler）用果断的手腕管理着这个班，Ruler（统治者）竟是她真正的名字！

有一天，我忘记了新规矩，趴在了桌子上，头靠在双臂上。我静静地趴着，两眼望着窗外。我看见在远处的乡间公路上，一群养路工人正开动着机器，用锤子把桩子打到地面上。那个大锤子每敲打一下桩子，机器的上方就会腾起一团蒸汽。但使我觉得奇怪的是，我总是过了很久才听到蒸汽从阀门里冒出来的嘶嘶声和锤子敲击的砰砰声，声音和动作好像不是匹配的。我记不起自己集中精力看了多久，课堂的喧嚣已经离我而去。直到如勒夫人塔一般地站到我的桌前，我才意识到全班同学都在盯着我看。她一定是悄悄地从教室的前部走到我的桌前来的，我的座位在教室的后部。所有的同学都转过头来看着我，眼里充满了好奇，似乎期待着老师发脾气。如勒夫人只是略微严厉地批评了我。

只有在那时我才认识到，在"大"学校里是不能开小差或做白日梦的。

如果某个孩子在课堂上不愿意回答问题，而老师却偏偏要叫他起来回答，那么他就会意识到自己根本不可能摆脱老师的控制。看来，老师们可以自由地、随意地闯入孩子的外在生活世界和内心世界。孩子们必须通过口头或书面的作业与老师分享自己的思想。老师可以通过日常记录、工作文件、期刊以及其他的教学手段来了解孩子的思想和情感。孩子们究竟能在多大程度上避开老师的控制和影响呢？拒绝参与老师的活动是不太可能的。然而，孩子们经常会以做白日梦、转移注意力等方式来暂时逃避老师的控制（虽然老师有时会发现并逮住他们）。孩子的身体必须在场，但是他们的思维和注意力却可以不在场。 孩子们在学习时常常身思异处、心不在焉。

孩子们通常用以下几种形式的隐私来避开老师的注意和控制：避开注意力的隐私、避开影响的隐私和避开解释的隐私。我们可以将它们作以下的区分。

1. 避开注意力的隐私（privacy from attention）是指孩子们尽量躲在别的同学的身后，使老师看不到、注意不到自己。为了求得这样一份隐私，孩子们会尽可能避开与老师和/或其他同学之间的接触。孩子们经常是从心理上获得隐私的。比如做白日梦，对老师所说的东西表现得冷淡、漠不关心，从而迫使老师主动放弃。当然，等孩子再大一点，他们甚至还会用逃学的办法来获取自己身体上和心理上的双重解脱。

2. 任何教育活动都会导致某种影响。不过影响的轻重可以有很大的差别，有些可能只是微妙的诱导，有些则可能是粗暴的控制。避开影响的隐私（privacy from influence）是指孩子们努力抵制老师的权威和控制。孩子们可能采取的反抗行动有拒绝做家庭作业、扰乱课堂秩序等。

3. 即使孩子们成功地抵制住了老师的影响，老师仍然有权力对孩子们的表现状态进行解释（interpret）并告知于外界。为了实现这一目的，老师使用考试、成绩通知单、评估以及其他许多种微妙的办法来使公众了解孩子们的性格和成绩。避开解释的隐私（privacy from interpretation）是指孩子们设法使老师不能获取关于他们的信息，或者阻止老师传播关于他们的一些看法。积极的隐私就是让孩子们自己决定在何时、采取何种形式、以何种程度将关于他们的情况传达给他人。

下面的这个小故事生动地讲述了一位老师是如何在全班学生面前宣布考试成绩的，他的这种做法无疑给某些孩子带来了问题。

"您已经改完我们的考卷了吗？"有些孩子问老师。

"是的，改完了，但是我还不能把考卷还给你们。如果你们愿意，我马上就可以把你们所得的分数念给你们听。有人反对我这样做吗？"

很快，有几个孩子就催着老师念分数。这堂课就要结束了。但我还拿不定主意是不是要老师念分数。真的很让人难堪。我环顾四周，发现有很多人反对老师公布分数。老师肯定也意识到了我们的举棋不定，因为他说："不想让我公布分数的同学请举手。"

全班一半以上的同学举起了手。老师显得有点恼火，他让同学们举手似乎并不是为了提供另一种解决方案。他合上书，接着说："行，没有关系，你们可以在成绩通知单上看到你们的分数。"

这时，孩子们开始争吵起来，有些人反对别的同学的做法，有些还想劝老师改变主意。当然，真正聪明的孩子想亲耳听老师说自己在同辈之间表现得多么好。所以刚开始时，我所想的也是"行，那就念吧"。因为我也很渴望听到自己做得有多好。我的分数通常都是 80 多分。但我环顾四周时，发现简显得非常紧张。她在班上算不上是优等生，而且经常为考试成绩不理想而受罪。我还见她因为考试成绩不理想而哭过。

最后，老师又重复了一遍，问是否还有人反对公开分数。没有人举手了。……可是，简却举起了手!

在那一刻，我意识到她成为别人的替罪羊该是多么的难受。我想都没有想，也把手举了起来。

老师看了看她，又看了看我。我感觉糟糕透了。我几乎听不清其他孩子的唏嘘声和嘲笑声。老师又一次"砰"的一声、重重地合上了他的书。

很多孩子都把考试看成是对他们的自我感觉和认同的一种危险的践踏和侵犯。考试是老师的武器，老师可以用它来穿透和揭示我们的内心世界，来了解我们懂得了什么，我们能够做什么，我们是谁。当然，也有一些孩子把考试看成是积极的挑战，而不是侵犯。但是这一部分孩子也认为考试并不能使老师了解他们真正懂得了什么，他们真正能够做什么，他们到底是谁。因此，考试依然是对个人隐私的一种侵犯，它揭示了孩子们内心的秘密，同时还扭曲和损害了孩子们的自我认同。

第 7 章　秘密的相面术

秘密是显露与隐藏的游戏。

——作者题记

有一把神奇的钥匙可以打开通向秘密领域的大门，那就是身体语言。相面术是一种不使用文字的语言，因此，文字的误导和隐藏功能会被从相面术中所获取的线索击败。[①] 相面术是指这样一种现象，即人们外部的身体动作和姿势会把人们内心的情感、思维和性格特点表露出来。一般说来，泄露秘密的线索的通常是脸。

即使人们用狡诈的、虚假的文字语言将秘密掩盖起来，相面术中的非文字语言（nonverbal language）仍然有可能将真相暴露出来：有些可疑的事情正在进行；某些细节被故意省略、遗漏和隐藏起来了。这种知识至少部分地源于民间的一些做法。比如，如果父母亲觉得孩子没有坦白实情——即某些事实被隐藏起来了，某些方面被夸大了——他们很可能会一边整理孩子额头上的头发，一边用试探的口气（a probing tone）问道："你能确定你把一切都告诉我了吗？我能从你的额头上看出你内心在想什么，你看，一切都写在这里了！"

---

① 请参见 Sloterdijk（1987）。

透明的身体

事实上，很久以来，孩子们都认为父母能够看透他们。即使他们意识到自己可以保留一些自己的秘密事情了，他们依然还会认为父母有一种靠近和了解他们的内心世界的特权。确实，父母通常都非常了解自己的孩子。毫无疑问，感觉敏锐、观察入微的父母（a perceptive parent）能够读懂孩子内心生活世界的语言。他们能理解孩子的每一个手势、每一个面部表情、每一个眼神和每一种姿态。这是他们长期以来观察面部表情的结果。但是，即使孩子逐渐长大、认知能力逐渐增强，他们也知道父母其实是不可能从他们的额头上看出他们的内心世界的，但这种神话似乎还是没有被攻破。由于很难控制住情况，所以孩子明显地处于劣势之中。毕竟，你是看不到自己的额头的。即使你到时候跑到镜子前想验证是否真的能看到什么，你的父母也会说它们已经消失了。

越是有经验的成人，他们的非文字相面术语言就越精致和丰富。他们拥有聚焦准确的眼睛、感觉灵敏的肌肤和可以调谐的耳朵，因此他们可以探查到其他人可能有的任何秘密动机和隐藏目的。就秘密而言，相面术的作用就在于它能从许多线索（如歉疚的眼神、涨红的脸、尴尬的表情）中揭示出隐藏的意义；同时，相面术还可以帮助传递秘密（如意味深长的一瞥、一眨眼等）；而且，在建构虚假的、做作的隐秘氛围（墨镜、躲躲闪闪的手势、富有意味的沉默等）的过程中，相面术也起着关键的作用。这种体验很容易导致包容感和排斥感（feelings of inclusion and exclusion）。

被排斥的感觉

如果有两个或更多的人知道了某个秘密，那么其他人了解这一情况后，就会产生被排斥的感觉。人类可以做出任何残忍和令人不快的事情，我们可以从书架上的文学作品中了解到人们所做的各种各样的彼此伤害的事情。然而，关于被排斥的感觉，却还有很多值得写也应该写的地方。如果某人有被排斥的感觉，谁也不会觉得奇怪。被排斥的感觉更多地是由误解而不是被人故意排斥造成的。由于疑心太重，人们很可能把他人之间清白无辜的谈话当做拉帮结派的行为。有些人甚至还偏执地怀疑自己是被人排斥的。这种怀疑往往是由他们个性不坚强、容易受威胁和伤害、不会处理和应对孤独所致。另一方面，也有一些人像恶魔般地以压制和排斥弱小者为乐。

看来，只有当一个人觉得他有权了解人们私下里讨论和协商的事情时，他对被排斥的感觉和抱怨才是真实的、合乎逻辑的。看着人们愉快地交谈也是一件令人快乐的事情。尽管在一旁看的人对谈话所涉及的亲密或秘密事件一无所知（因为隔得太远，所以根本听不清），但是看到谈话者脸上快乐的表情，也会觉得非常开心。在这种情况下，人们根本就不会有被排斥在外的感觉。比如，一对情侣开心交谈的情景就能给在远远的地方看着的人们创造出一种快乐的氛围，尽管在远处看着的人或许还是这对情侣的熟人，他们也一样会受感染。当然，远远观察的那种感觉不同于被人侦查的感觉。

同样，即使这对情侣发现有人在注意他们，也不会有"被人逮住"的感觉。他们一直完全沉浸在自己的对话中，当然他们的目的并不是要故意将他人排斥在外。人们可以从他们的行为举止中观察到这一点：虽然他们谈论的话题也许是亲密的，但他们的面容却是开放和坦诚的。当他们发现有人在观察和注意他们时，也许会觉得更开心，说不定还会邀请在一旁观察的人加入他们的谈话。

被人排斥的感觉和我们上面提到的情形是大不相同的，因为那种感觉非常明显。在学校里，有个孩子可能会发现，一群别的孩子组成了一个亲密的小圈子，他们也故意不理睬那些圈子以外的孩子，圈子里的人把头凑在一起，做一些鬼鬼祟祟的动作。这样的情景就会给外人一种被排斥的感觉。

有时候，被人排斥的感觉也可能由单独一个人引起。当然，我们有必要记住秘密的定义就是分开、排斥（有选择地吸收和包容）。如果有人故意从我们身上移开视线，故意忽略我们，尽可能逃避和我们接触，或者避免和我们谈及某些话题，那么，他就是在有意地排斥我们，这些做法都是明显地排斥他人的标志。相反，如果某人走进拥挤的人群中，另外一个人（或许是他的朋友或熟人）没有马上认出他来，那么他大可不必把这种情形理解为人家在故意排斥自己。

冷落怠慢及区别

冷落怠慢是排斥的一种特别表现，经常会带给人们伤害和不公的感觉。[①] 冷落怠慢是一个比较极端的例子，在被冷落和怠慢的人看来，这个冷落怠慢者就好像一个秘密。如果有人故意不回应他人的问候，他就等于在说：尽管我认识你，我们也有许多相同之处，但是我就要表现得与你不同，而且这个不同点足以让我冷落和怠慢你。冷落和怠慢他人就等于宣称："我还具有一些不为你知的地方，这就使我更加'不同于'你了。"

在日常的社会交往中，人们之间匆匆一瞥式的眼神交流是非常普遍、非常基本的。然而，在不同的文化中就有很多种关于如何投以他人一瞥的规矩，比如"瞥"所持续的时间的长度、强度和合理性等。在正统的伊斯兰文化中，人们根本不允许小孩子直接注视大人的脸部。当他们与大人说话时，他们必须朝下看或者看别的地方。当然，在多元（西方的）文化背景中，就拿学校的教室来说吧，这些规矩就会在学生之间、学生与不明真相的教师之间引起很多的问题。如果老师认为有个男孩子说了一句调皮的话，于是把孩子叫过来谈话，而这个孩子刚好又来自伊斯兰文化背景，老师问他问题时他把视线移开，看着别的地方，老

---

① 请参见 McHugh, Raffel, Foss, & Blum（1974）的精辟分析。

师就会把他的目光回避看成是他还在耍赖并隐藏某些事实。于是老师就会得出这样的结论：这孩子不仅说话淘气，他还挺倔强和顽固呢！

在西方社会，人们对于直视他人的时间长短的限度是有规定的，如果你不想被人指控说你在盯着别人看、行为不谨慎的话，最好还是注意一下这些规定。如果你直视他人的时间超过了一定的限度，会有两种可能：你要么和他打一架，要么和他做爱。在成人和小孩之间，人们也许还没有意识到这一点。孩子太小的话，他们仍然处于前习俗（pre-conventional）阶段，还没有了解关于应该如何注视他人的社会习俗。[①] 所以，一个母亲很可能会盯着自己的孩子看上好几个小时。但是，孩子会逐渐地知道，注视还意味着别的可能性；现在，注视可能就是玩躲猫猫时才有的，大人的脸一隐一现，逗得孩子们非常开心。躲猫猫是一个很好的游戏，人们通过玩这个游戏可以积极地体验分离与聚会、排斥与包容之间的张力与平衡。

文 化 规 范

我们刚刚顺便提到了与秘密有关的一些文化规范。我们下面将要提到的这些身体语言中都包含和显示着这样的文化规范。

匆匆一瞥式的眼神

匆匆一瞥比一般的目光交流（eye-to-eye contact）要短暂一些，而且它包含着各种各样的独特意义。人们可以互相交换意味深长的眼神，而且这些匆匆一瞥的眼神中所传递和交流的内容和别人是不相干的，并且通常也不容易被人觉察和注意到。假如真有第三者将两人之间的隐秘的眼神截取了，这也不会轻易引起误解。这种隐秘的匆匆一瞥比一般的目光交流持续的时间要短，但是它却传递着某种秘密的理解与意

---

① 请参见 Beekman（1987），p.23。

会。 这匆匆的一瞥可以传递排斥或包容的信息，可以使人产生一种相似、趋同的感觉；可以使我们想起自己与他人之间的一种相互理解，虽然与我们交换眼神的人并不一定清楚这种理解所包含的具体内容。

匆匆一瞥的眼神也可能是由别的秘密动机所引发的。首先，人们会有意于与另外一个人建立某种特别的联系。那么，匆匆的眼神所表达的意思是想看另一方是否对这种联系感兴趣。在这种情况下，眼神中所转达的独特理解就会顺利实现交换。当然，眼神本身转达的是引起对方兴趣的信号，所以希望能被对方注意到。

其次，这种眼神也可能是对他人的"打量和观察"(studying)，以期看到他不同于其他人的独特之处，如面容、名声、个性特征等。"知道"或"感觉"有人在看着自己其实也是一件很有意思的事情。虽然人们投来的眼光是隐秘的，甚至是很难被觉察到的，但是，只要知道有人在看自己，就会觉得自己的隐私受到了侵犯。

第三，匆匆一瞥的眼神有时传达的可能是大胆的挑逗和调情的动机。当然，人们有可能承认，也有可能不承认这种动机。在这样的眼神中，往往包含着秘密的想象、戏谑的承诺和隐藏的欲望，因而会营造出一种色情的气氛。第三者可能会意识到，也有可能意识不到。其他的挑逗行为更多的是纯粹出于好玩。

眨 眼 睛

眨眼睛也可以是彼此理解的标志。我们可能会说眨眼睛是一种有强调作用的眼神。和隐秘的眼神相比，眨眼睛所引起的误解和歧义相对要少一些。眨眼睛表达的含义可能是："你知道这里的一切的进展情况。"所以，它也可能是对某个社交场合作出的特别的评价。眨眼睛可以是一种非常直接的问候方式，它留给人们的感觉是随和、亲切。眼睑的快速开启和闭合给人发出的是一种接纳、包容的信号。和匆匆一瞥的眼神一样，眨眼睛也可以在两人之间传达一种理解和领会，虽然人们对它的真正内容并不一定清楚。

有时候，眨眼睛不一定能够得到回应，因为有些人不能用一只眼睛完成眨眼睛的动作。所以，人们可能会用点头来回应眨眼睛，当然点头和眨眼睛表达的意义是相同的，都能转达一种相互的理解。然而，如果这种表情被第三方截获了，那么这个第三方也会产生一种被排斥的感觉——尤其是在社交或教学场合，有人正在陈述自己的观点或提出一个问题，这种表情就更能激发被排斥的感觉。在两人的谈话当中，如果说话者正在表达自己的观点，但他同时又接收了来自对方的眨眼睛的眼神，他就会觉得很害羞。事实上，眨眼睛的表情使人们意识到，在谈话过程中，并不是一切都暴露无遗，人们总会试图掩饰一些东西。

神秘的微笑

时常挂在嘴边的微笑总吸引着我们去探究藏在微笑背后的秘密。蒙娜丽莎（Mona Lisa）的微笑就引起了人们很多的猜测和解释。令人迷惑的微笑使我们对别人内心世界的秘密更加好奇，我们不禁要问：他们的内心到底在想什么？通常，眼睛被看成是人们心灵的直接通道。但是，那种压抑的、神秘的微笑却改变了眼睛的直接交流效果。当然，热情的、神秘的微笑有时也能将信息直接表露出来。如果有人冲着我们送来一个神秘的微笑，尤其当他是异性的时候，他一定能吸引住我们的注意力。微笑所寓含的信息是：他有秘密，他的秘密就是他要向别人提出的问题，就是他所要表达的欲望。这种遮遮掩掩的、神秘的微笑让人们意识到，这个人心里藏着秘密，而且他"不"希望人们解读他的秘密。

小孩子的微笑就不会这样令人费解。孩子们总是用毫无遮拦的、快乐的微笑迎接和问候我们。孩子的微笑虽然不那么令人费解，但却不减其神秘。孩子的第一个微笑使我们心动，因为我们知道他已经可以和我们分享真正的人类情感了。父母总把孩子的第一次微笑看做真正的沟通和交流，看成孩子生活中的一件大事。[1] 但是，这个微笑也会让父母觉得自己和孩子之间开始真正分离了，因为在孩子还不会笑之前，孩子和父母完全是共生于一体的。孩子对着我微笑的时候，我不禁

---

[1] 请参见 Buytendijk（1988）。

会问：这个小家伙到底是谁？他的笑意味着什么呢？这个微笑既有连接作用，又有分离作用；它使我意识到我们曾经是共存共生的联合体，但也让我意识到我们将不可避免地被分开。

假 笑

假笑是一种特别的笑，它鬼鬼祟祟，而且不乏嘲弄揶揄之意。这种笑让我们开始反躬自问，也让我们更加在乎自我意识。它表露出讥讽、嘲弄、轻蔑、怀疑、讽刺、嘲讽、嘲笑等情感。我们觉得假笑者将对我们作出某种判断，所以假笑总让人觉得不安。我们可能会认为假笑者已经发现了我们身上所隐藏的弱点，我们已经一览无余地暴露在他的面前，我们很有被贬低的感觉。

到了一定的年龄以后，孩子们的微笑有时其实就是假笑，对这一点老师是最清楚的。太小的孩子是不会有讥讽和嘲弄的思想的，他们的内心还容不下轻蔑和讥讽等词汇。他们的自我映像（reflectiveness）还是透明的、真实的。所以，有些老师不喜欢教年龄大的孩子就是出于这个原因——当学生有了一种双重的自我意识（double consciousness）后，他们的笑就会游离于微笑和假笑之间，让人弄不明白。老师有时也不知道孩子们到底是和老师一起开心地笑（laugh with），还是在嘲笑（laugh at）老师。

当然，假笑还具有另一重特点。内心单纯的孩子也意识不到大人的笑中所带有的嘲弄、讥讽和轻蔑，因为这些孩子还没有体验过这种笑所带给他们的伤害，因此他们就无法读懂这种笑中所包含的双重的秘密信息。

谜一般难以捉摸的意象

有些人很善于发现谜语中的线索，也善于将自己表现得高深莫测，他们的表情乃至整个人都显得神神秘秘的。这些人留给人们的印象会是怎样的呢？他们给人们的感觉是神神秘秘、高深莫测、捉摸不透，人们无法读懂他们的面部表情，也理解不了他们的身体动作、穿着打扮乃至眼神。然而从他们的表情、姿态和衣着中透出的那种神秘和变幻又时时吸引着人们的目光。这种迷幻总是激励着我们去想象，去怀疑。确实，这些方面是不容我们忽视的。

当然，与上一代人相比，许多年轻人对这些迷幻都有非常敏锐的觉察力和领悟力。在现代社会，似乎每一代人都会有其独特的创造——可以通过音乐、服装、词语、行为等来体现，这些创造也被一种神秘气氛笼罩着，这是上一辈所没有体验过的。他们穿着奇装异服，外表怪异，目的是引起震动和冲击的效应——人们把这种做法称做小资情调（épater le bourgeois）。一代人与一代人之间存在着语言和行为上的非连续状态（discontinuities），这就使得成年人无法理解孩子，孩子的文化在某种程度上就是秘密。

不只是一代人与一代人之间，不同的文化群体之间也经常会碰到这种相互不能理解和沟通的现象。来自东方的游客会觉得西方人神秘莫测，而到东方游览的西方人又觉得东方人捉摸不透。"他们看起来都差不多。""我真不知道他们在想什么。"事实上，在西方人眼里，整个东方的文化都是神秘的、玄妙的、不可思议的；东方人对西方人的文化也会有同样的感受，觉得它像一个谜，引人入胜。

人们小心培养起来的这种意象（image）守护着真相中的秘密。明星们都维护着自己的一种独特的意象以获得追随者的崇拜和爱戴，他们不能以太随便、太放松的风格出现，以免打破自己在他人心目中的美好形象。有时候，我们也会见到一些人在会议、辩论或谈话中显得特别的沉默，而那种沉默让人觉得莫名其妙，所以人们忍不住想知道这种意象后面究竟隐藏着什么样的秘密。一种情况是，人们会认为这个人之所以沉默，是因为他有着非常丰富和深刻的内心体验；另外一种情况是，人们会打破幻想，从而认为这个人小心维护的意象背后，其实什么也没有。

异性之间的吸引和着迷也是由于彼此的相遇之中有这种谜一般神秘的成分。女生摆出某个令人迷惑的姿势，就会吸引男生去解这个谜。"女孩是个谜，为了吸引她，必须也成为一个她看不懂的谜。"鲍德里亚（Baudrillard）说："这是一场迷幻的决斗，一场只能由诱惑解决的决斗；在决斗中，人们不必揭露彼此的秘密。如果彼此的秘密被揭穿了，那么异性相吸的美妙也就不值得人们向往了。"①

面　具

很有可能，拉丁语中"人"（persona）的最初意义就是面具。现在，我们都认为人们戴面具的目的是隐藏身份。然而，我们在想尽办法隐藏自己身份的同时，其实也是在向别人宣告自己的身份。有时候，人们去参加化装舞会；在化装舞会上，人们尊重着彼此的伪装和假象，直到舞会结束。社会学家提出了详尽的理论来说明，不管人们在普通的生活当中表现得多么真实，他们还是在扮演着一定的角色。换句话说，他们还是戴着面具的。戈夫曼②（Goffman）和伯格③（Berger）就是其中的代表人物。

在秘密的相面术中，面部仪态是最明显的，戴上面具就不会暴露里面的真正情况。有些面部表情让人无法读懂、无法捉摸，比如冷淡的目光、久久的凝视；有些表情神秘、冷峻、刻板，让人看不透；相反，有些时候虽然人家给你做鬼脸，报你以微笑，或是开怀大笑，其实他们却掩饰了自己真正的企图和情感。这种伪装起来的秘密（masked secret）不同于那种意象中的秘密（enigmatic secret），因为前者有一种排斥作用（repel），后者却起着驱动作用（compel）。

一方面，服饰也可以是掩盖和隐藏的方法。比如，人们戴上墨镜（dark glasses）来掩盖自己的情感、心中的不安以及其他的弱点。深色的太阳镜里也可以隐藏阴谋，并且使真正的亲密接触变得不可能。另外，假发套也可以改变人们的秘密身份：亨弗莱·鲍嘉（Humprey Bogard）的外衣就使秘密更加扑朔迷离，有人穿着紧身的性感外衣，让躯体若隐若现，这也不免会勾起人们的好奇心。服装行业一直在努力

---

① 请参见 Baudrillard（1990），p.80。
② 请参见 Goffman（1959）。
③ 请参见 Berger（1963）。

说服消费者，希望他们相信时装能够帮助人们构建自己想要的任何形象。当然，这都只是骗局。另一方面，人们相信，人们性格中的特别之处、人们内心的独特之处都能用精心挑选的服饰来表现。服饰似乎有一种魔力，能够使人们变成自己心目中的理想形象。如果用一个现代的童话来讲，这就是青蛙变成王子的故事。

突然的沉默

如果我走近一些正在谈话的人，他们很有可能突然沉默下来。我猜想，我就是引起谈话中断的原因，但我却不知道是为什么。突然的沉默使我又想起了那种被排斥的感觉。那些刚刚还在开心地交谈的人们会满脸尴尬，有时候真的让人弄不懂。我想最蹩脚的办法就是试图去改变谈话的主题，使谈话能够继续。然而，这样做是非常不容易的，因为人们必须首先从刚刚的谈话内容中抽出身来，说不定他们讨论的还是秘密呢。

学习一点相面术

正如我们在前面所提到的，父母好像有特权去了解孩子的内心世界，而且经过多年的面部观察之后，他们都非常了解自己的孩子。但是一旦孩子知道了秘密的存在，他们也同时知道了秘密的相面术。下面是节选自格里特·格罗本（Gerrit Grobben）的小说的一个片段，值得我们注意的是，故事中的主人公索尼娅（Sonja）非常精确地破译了那些隐含着秘密信息的身体语言。

埃里克（Eric）来接我了，但是他没有骑自行车。我很快就从他的行为中意识到他出毛病了。我们离开村子的时候，他走在我的旁边，速度很快。他急急忙忙地谈起了发生在他身上的一件事情。一件事情还没有讲完，他又接着讲起了另一件事情。很明显，他是在极力隐藏一个秘密。他的声音很尖厉，连他自己好像都被吓着了。他沉默了一下子，轻声地讲了几句，然后又讲开了。他大步流星地走着，没几步就走到路的那一边去了。作为初上任的校长助理，他办事的风格也非常自负。

我心里想：你隐藏了一个秘密。因为你的眼睛告诉了我。你知道了一些我也应该知道的事情，而你却根本不想告诉我，不想让我知道，所以每走一步，我都觉得自己越来越渺小。你这个浑蛋！你把自己看得太重要了。①

在这个故事中，埃里克想掩盖的秘密其实在这个女孩的眼中根本就算不上是什么秘密。女孩不仅对他的外表进行了仔细的观察，而且还在内心涌起了一种被排斥、被刺痛的愤怒。

对这个男孩而言，事情却是另一番模样。他刚刚学会把秘密埋藏在内心里，所以他的掩盖方法还非常的原始和拙劣。比如，如果某个孩子做错了事情，但他又不想坦白地承认错误。"是你把猫放出去的吗？"孩子停下了正在做的事情，好像被人出卖了一样。然后，他用一种非常温和的表情看着妈妈，嘴里说道："不是我。"如果妈妈继续追问，并且皱着眉头回望着他，孩子的防线很快就会崩溃，然后大哭起来。等到这个孩子长大一点，他可能就不会用这种方式泄露自己的秘密了。"你做了家庭作业了吗？"听到这个问题，孩子会觉得自己的尊严受到了侵犯，隐私受到了侵扰，他可能就会直接回敬一个粗暴的眼神或是用沉默来表示抗议。

从秘密的相面术我们可以看出，秘密的非语言交流形式是多种多样的。人们可以用多种形式公开地接近他人，也可以用多种形式拒绝他人。秘密的相面术其实就是我们和别人保持联系的一系列微妙的方式。它们与一定的文化规范紧密相连，因而彼此之间的差距非常之大。比如，在一种文化中，点头表示的是同意，在另一种文化中则可能

---

① 请参见 Grobben（1986），pp.72–73。

表示否定。这些区别可能会引起肢体语言上的混乱，因而必要的时候还是需要用语言文字来帮助消除相互之间的误解。秘密的相面术也是表示人们社会化程度的一个函数（a function of socialization）。如果一切进展顺利，那么新生儿见到的第一样东西可能就是母亲的笑脸。然而有时候，尽管大人费了很大的力气，经历了很多的痛苦将孩子带到这个世界上，但是新生儿也许并不能真正"看到"母亲的微笑。

也许我们会想，孩子是不是需要有大人的帮助才能理解一些重要的手势和面部表情呢？看来事情或多或少有自动进行的趋势。我们有时候告诉孩子"不能这样做"、"不能那样做"，目的是不让他们将错误的信息传达给别人；否则，人们会误解他们的。如果有些人的手势和态度是让人迷惑的，我们也会给孩子们一个恰当的解释。对身体语言的理解如果太原始，没有艺术，也可能是十分危险的。陌生人的微笑里面藏着的也许是邪恶的企图。孩子们也必须知道，一张没有表情的脸也许可以用来掩盖内心的弱点。有时候我们也有必要教孩子学会识破和处理那些骗人的假象，比如避开他人的注视，不去理睬别人的眨眼睛，不被那些神秘的微笑所迷惑等。

第8章 秘密以及自我认同的源起

秘密的行为总是由对事情的隐藏过渡到对自我的隐藏。

——加斯东·巴什拉尔（Gaston Bacheland）：《空间的诗学》
（ *The Poetics of Space* ）

秘密到底源自何时、源于何处呢？佛兰德的作家玛丽亚·罗塞尔斯（Maria Rosseels）在她的作品《修女之死》中描写了脆弱多病的主人翁萨比娜·阿诺（Sabina Arnaud）的成长历程，在突然失去了哥哥的帮助之后，她必须自己处理一切事情。

> 从西蒙（Simon）离开家前往大城市的那一天起，我的童年生活就结束了。而当他第一次休假回家时，我已经不再是他离开时的那个动不动就哭的小可怜了。我的身上再也找不到我童年时那种粗心、任性、容易相信别人的痕迹了。我学会了用语言做掩护和伪装（camouflage）。我的话不再是讲述事实的，而是用来掩盖事实的，并且我很快就习惯了这种说话的方式；在讲这些话时，我觉得自己很有安全感，觉得自己不再脆弱。①

小女孩发现，人们可以用语言来掩盖事实，讲述一些并不真实的东西，表达一些言不由衷的观点。

---

① 请参见 Rosseels（1961），p.35。

秘密和隐私都是在人们成长和获得自我认同感的过程中出现的，因而它们对于人们的成长和自我认同的意义和结构都有着独特的作用。但是我们提到的认同究竟意味着什么呢？它与秘密和隐私之间有什么关系呢？

从哲学角度来讲，人们的自我认同感通常是与人的身体和记忆联系在一起的，它与人们的日常生活体验是一致的。我们能认出某个人是指我们能识别他们的外表、他们的身体特征（physical appearance）。为了证明自己的身份，我们通常会在护照和驾驶执照上贴上自己的照片。有些时候，人们还会要求他人通过一些独特的身体特征来证明自己的身份，比如秘密的胎记、指纹、血样以及隐匿的伤疤等。如果我们仍然怀疑他们的身份，或是怀疑某人在假扮他人，我们就可以通过验证他的记忆来确定他的真实身份。正如马克·吐温（Mark Twain）在《王子与贫儿》（*The Prince and the Pauper*）一书中所提到的一样，我们可以询问一些只有真正的当事人才能了解的名字和细节。真正的威尔士王子正是依靠记忆来通过考验，证明了他知道国玺在哪里。而且，记忆最终就是证明他的真正身份的关键线索。①

自我和他人

在哲学文献中，认同还是一个值得争议的概念，因为它涉及变化与同一性的相互关系。一个人经历了几年的变化之后，还会保持原来同样的个性和自我认同感吗？小说中描写的那些经历了地位转换的人，他们的身份和自我认同又会发生什么样的变化呢：那个面貌酷似王子的穷孩子醒来之后发现自己竟变成了王子，那么他的自我认同会不会发生变化呢？我们该如何处理和利用那些不可靠的记忆呢？如果我们将某个人的记忆植入另外一个人的头脑中，那么被植入者会不会完全

----

① 请参见 Twain（1882/1909），pp.284－293。

变成那个人呢？相反，一个患有老年遗忘症（即阿尔茨海默氏病：Alzheimer's disease）的患者的自我认同感和患病前会不会一样呢？在所有这些情况下，认同的概念都是很难定义的。但是，在日常生活中，身体和精神上的标准就足以决定一个人的身份，因为这些标准能够帮助人们形成一种熟悉和连贯的感觉，从而帮助确定一个人的身份。

更为重要的问题也许就是人们如何体验自我的个性和认同感。我是怎样体验那种自我认同感的呢？当我提到自己的时候，我所指的究竟是谁呢，我是一个怎样的人呢？发展心理学和分析理论在这一方面的解释也不完善，没有明确自我认同的真正含义及其真正主体。比如，在"自我认同的起源"一章中，德国著名的心理学家埃里克·埃里克森（Erik Erikson）就试图对"我们所说的认同进行描述和定义"。后来，他把认同的出现放在玩耍和文化环境（cultural milieu）的范畴中来讨论："日渐清晰的自我认同将孩提时代的不同阶段连接起来了，因为身体意义上的自我和父母心目中的形象都渐渐具有了各自的文化内涵；同时，自我认同也可以将成年初期的不同阶段连接起来，在这一时期里，人们开始扮演各种不同的社会角色，而且这些不同的角色给人的强制的感觉越来越强烈。"[①] 埃里克森认为蹒跚学步的孩子在迈出第一步的同时，也在"朝着个性的发展迈出了第一步"。在埃里克森看来，通过父母亲的鼓励和肯定，孩子们也会意识到自己所迈出的步子的重要意义：

> 对于一个刚刚发现自己会走路了的孩子，周围的人或许会耐心地哄他、鼓励他，或许也会忽略他，但是因为学会了一种新技能，孩子会有一种喜悦感，因而会愿意反复练习，也很希望更好地掌握这一技能。同时，他也会意识到自己的新身份，意识到自己是"一个会走路的人"。在他的文化的时空（space-time）坐标中，就会增加这样的新概念——"一个能走得更远的人"、"一个能够自

---

①　请参见 Erikson（1950/1985），p.235。

己站起来的人"、"一个能够直立起来的人"、"一个能走得很远并且
需要看护的人"。孩子对于"一个能走路的人"的概念的内化过
程，其实也是孩子成长过程中的许多步骤中的一个……每一个这
样的步骤都会使孩子获得一种更为清晰和现实的自豪感。①

埃里克森好像给我们提供了一个理论的和具体的自我认同的概
念，但是事实上，他却在回避自己提出的问题。因为他在第一句话中提
到"一个刚刚发现自己会走路了的孩子"时就已经把孩子的"我"和
"自己"分割开来了。从这一点来看，埃里克森在开始描述和定义之前
就认定孩子具有了某种自我认同的意识。他是不是说孩子的自我意识
的形成就是源于他学习走路的体验和经历呢？

埃里克森还进一步指出，当孩子们的进步和表现得到了他人的认
可时，他们的"自我认同"(ego identity)也会得到发展和强化。在西方
社会，人们很少通过工作或其他任务赋予孩子以真正的责任，因而孩子
们也很少有机会来发展自己的自我认同感。而孩子的天性是与玩耍分
不开的，孩子们可以在玩耍的活动中假扮、模仿、想象一系列的角色并
且体验各种各样的情感。但是在大人看来，孩子们纯粹是闹着玩的，因
此并没有真正让他们"通过体验不同性别的人的角色、职业、习惯和想
法"来实现自我认同。②

在西方中产阶级的生活中，孩子们可以平等地参与成人的活动，成
人会根据孩子适应环境的能力和成熟的程度给予他们相应的尊重和关
注，孩子们因而获得了实现自我认同和个性发展的机会。埃里克森
说，我们渐渐明白，"玩耍理论在我们的文化中已经相当成熟和完备，
然而，它们的理论前提认为玩耍对于孩子们来说并不是工作，这种理论
是我们的众多偏见中的一种，孩子们因此而无法获得早期的自我认同
的发展"③。

---

① 请参见 Erikson(1950/1985),p.235。
② 同①，p.239。
③ 同①，p.237。

埃里克森设计了一个概念图式（conceptual schema），用来区分自我认同形成过程中的不同阶段和维度，也用来识别那些可能的障碍因素，因为这些障碍因素会阻止积极自我认同的形成，或许还会扭曲人们的自我认同。① 虽然他的理论和其他一些社会科学中所提到的自我认同和自我发展（ego-development）的概念所包含的意义，与我们日常生活中提到的自我认同的含义是基本一致的，但是理论上的这些概念和现实中的意义却非常疏远。并且，我们在社会心理学理论（socio-psychological theories）中所概括的自我认同和自我发展的阶段好像都是从天而降的，没有坚实的根据。人们是怎样体验自我认同的，人们为什么能体验自我认同等问题，依然没有得到很好的解释。

美国实用主义哲学家乔治·米德（George H. Mead）提出了另外一个关于自我认同发展的模式，他的模式与埃里克森的心理分析模式（psychoanalytic model）在有些方面是相似的，他认为自我认同是在社会压力下形成的，而社会压力主要来自生活中的重要他人（significant others）的认可和影响。他在《精神、自我和社会》（*Mind, Self and Society*）一书中提出了交往理论（communication theory），而他对自我认同的分析就是基于交往理论的，所以这种分析具有直觉的有效性（intuitive validity）。②

米德提出的自我认同的概念具有实用主义的色彩，而且显得非常简单。但是，他把"精神"（mind）和"自我"（self）、"主我"（I）和"宾我"（me）作了明确的区分。如果我们把自我认同等同于精神和自我的结合，那么自我就是由"主我"和"宾我"构成的。"主我"就是具有自发性（spontaneity）的那部分自我；"宾我"就是具有社会性的那部分自我，是他人角色的一种内化。在某种意义上说，"宾我"就是社会在自我中的反映。"主我"是一个具有内省能力和创造能力的部分，在

---

① 从婴儿到成熟的大人，其间不同的阶段所用的术语，是由下列成对的发展价值观的作用而决定的：基本信任与不信任，独立性与害羞、怀疑，自发性与负欹，自我认同与角色混乱，亲昵与孤立，创造性与迟钝，以及自我完整性与绝望［请参见 Erikson（1950/1985），pp.247－274］。

② 请参见 Mead（1934/1961）。

"宾我"的形成过程中起着一种回应和反馈的作用。米德认为，真正的自我就是一个内在的讲坛（an inner forum），在这个讲坛上，"主我"和"宾我"正在进行对话，"宾我"代表和反映的是他人的观点。

然而，经过更仔细的思考我们就不难发现，"精神"、"自我"（"主我"和"宾我"）的意义和起源依然还是一个谜。如果我们从一开始就假定"自我"(self)和"他人"(other)彼此都意识到了对方，而且相互影响，那么我们就没有办法把自我认同的形成阐述清楚。其实，要想更好地理解自我认同的含义，就必须把思维建立在一种初始的潜伏状态（an initial state of latency）之上，而不把自我和他人、内在与外在区别得那么清楚。因此，像埃里克森一样，米德也是着力阐述"主我"做了什么，而从不解释"主我"是什么，从何而来，是怎样出现的。我们或许会认为，米德的内省理论（introspective theory）更有效、更有说服力，我们并不急于了解自我认同的各种组成部分，也不急于了解社会中各种各样的他人。总之，我们还没有得到一个关于自我和自我认同的终结性理论。

尽管"自我"、"主我"和"宾我"等概念的确切意义和起源都还不清楚，但米德还是在尽力阐述它们的来源。它们形成于具体的交往活动之中，而不是抽象的发展过程之中。米德提到的"玩耍—游戏阶段"并不只是发展阶段中的几个不起眼的标记，相反，在与其他孩子玩耍的过程中，孩子们就形成了某些形式的独特的自我理解（self-understanding）。经历了单纯模仿（sheer imitation）的阶段之后，孩子们就进入了玩耍阶段，由于生活中有父母等重要他人的影响，具体的角色就开始内化于他们心中。然后，在游戏阶段中，"宾我"开始出现。米德认为，"宾我"的出现是将一般他人（generalized other）内化的结果——此时，自我认同好像是一种社会测量的尺度。

可见，米德还是没有将"主我"的出现解释清楚，但是我们可以肯定，"主我"也只可能在社会交往的体验中产生。当孩子被他人以"你"进行称呼时，"我"才会成为可能，在这个过程中，"我"不是一个一般意义上的"我"（an "I"），而是一个具体的"我"（concrete

"I"）。　孩子们所拥有的名字就表述和肯定了他们的独特性："简，你刚刚在干什么呀？"如果人们用这样的具体方式向孩子提问，那么他们就会得到孩子相应的回应。责任感（responsibility）就是这样被唤醒的，因为当我们叫唤孩子、和孩子说话、朝孩子微笑、对孩子提出警告、对孩子提出表扬、给孩子以惩罚或是对孩子表达爱的时候，我们都假定了这样一个前提，那就是孩子有作出反应的能力，孩子会作出反应。

身体和自我

从日常生活体验的角度来看，自我认同好像是在与他人交往的具体情境中产生的，是一种内在的自我认知（immanent self-knowledge）；它主要指向两个方面的因素，即我是谁，哪些方面能使我称呼自己为"我"。这种基于经验的自我认同和认知的、心理的、社会的或是分析的理论中提到的自我认同是不同的，因为那些理论把自我认同看成一个与智力相关的概念（an intellectual concept），因此就没有关注人们对自我的直接的、感性的认识（the immediate, visceral knowledge of self）。

从概念上来讲，我们是可以区分精神与身体的，我们也经常把身体看成是一个容器（vessel），而精神（智力、灵魂和意识）就是装在这个容器里的。在普通的日常生活中，我们都知道自己是一种物化的存在（embodied beings）。我们可以将自己的思维集中于某个方面或是自己身体的某个部位，但我们却不可能把身体或精神与自我分离开来，也就是说，我们的自我是一个有灵魂、有身体的自我（a soulful-body self）。

确实，我们每个人都可以将自己的身体物化、具体化，而且可以调节和控制自己的外部表情和身体状况。但是人的身体是一个特殊的物体，和所有其他物体都不同。我永远没法研究自己的身体，永远不可能把自己和身体分开，也不可能像忘记别的东西一样把自己的身体忘在某个地方。甚至我看自己的身体的方式也和我看别人的身体和别的物体的方式不同。但是，正是因为我有身体，所以我能看见、能听见、能感觉到世界上的别的事物；因为有身体，我能去探索世界上的其他东西。然而，我却不可能拥有一个可以供我自己去探索的身体，"因为有我的身体存在，所以我能感觉到别的身体的存在"①。

如果我对自己的外貌不满意，如果我担心自己的身体健康状况，我都可以努力去克制和忽略自己的身体所提出的这些要求，但是我却没有办法逃避自己的身体。我不可能把身体和我的自我感觉分离开来。但是我可以逃离别人，不让别人看到我和我的身体。孩子很小的时候就知道这一点。正如我们前面提到的，躲猫猫是孩子们很小的时候喜欢玩的一种游戏，它包括一系列躲藏和显露的活动。随着孩子年龄的增长，他们还会玩很多与躲藏和秘密有关的游戏。

看来，人们的形体存在（human corporeality）总是与人们的自我意识紧密相连的。因此，人们的自我认同首先都是源于人们对自己的形体存在的知觉和认识。在和新闻记者的一席对话中，演员彼得·乌斯季诺夫（Peter Ustinov）用富有哲理的话语描述了自己的内心感受（灵魂）和躯体之间似合犹离的关系："随着阅历的增加，我觉得自己的灵魂越来越有深度，但它并没有变老。我现在的灵魂和我出生时的灵魂并没有两样……我能够识别出来，我也认识我自己，那就是我！"②乌斯季诺夫的体质算不上强壮，他把自己的身体比喻成一台租用的汽车（a rent-a-car）：

> 你伏在柜台上问道："是的，我看到了，但是你们这里还有更适合运动一点的车型吗？比如说，有没有六缸的？我不想要四缸的。"
>
> "哦，没有，真对不起！"服务员回答道，"它们都被租出去了，您要么用这台，否则的话就没有了。"
>
> 你只好开着这样一台由血肉组成的机器，它慢慢地磨损老

---

① 请参见 O'Neill（1989），p.14。
② 引自 Block（1995），p.53。

化，你甚至还听到了机器吱嘎吱嘎的呻吟声，你驾驶时就只好更加小心翼翼了。①

　　当我们发现白发爬上自己的两鬓，发现自己的体形日渐衰老，发现药物改变了我们往昔的身体状态，或是发现疾病突然入侵并危及我们的生命时，我们就会为自己的青春逝去而感到遗憾，我们可能会觉得自己的身体背叛了我们，我们身体的各个部位似乎也变得陌生起来，好像它们完全不属于自己。然而，大部分的人都只能冷静地面对一些身体部位的变化，而对另外一些身体部位的变化却会显得很不适应、很不习惯。

　　当然，人们对自己身体的认识也是一个社会化的过程。尤其是青少年，他们一边获得关于自己身体的评价性知识（既有积极的，也有消极的），一边强化着自我意识和自我认同。可以说，自我意识不断强化的冲动在某种意义上标志着孩子在逐渐地认识自己的身体，然后再认识一个完整的自我，发现一个不同于他人的自我。在这个过程当中，自我与他人之间的主体间的空间（the intersubjective space）也逐渐获得了社会的认同和区分。

前认同和对自我的区分

　　为了更深入地探讨自我认同这一概念，我们也许必须首先承认，在孩子区分自己的形体存在时，他所经历的只是先于前认同的最初状态（a primordial state of pre-identity），因为这一阶段还伴随着成人对他们的影响。法国现象学家梅洛-庞蒂（Maurice Merleau-Ponty）在解释马克斯·舍勒（Max Scheler）的观点时提出："这个阶段中包含着一种先于交流的状态（a state of pre-communication），他人的意向会对我产生影

---

　　① 请参见 Block(1995)，p.53。

响,而我的意向也会影响他人。"①

那么,孩子究竟是怎样实现从前认同阶段向自我区分阶段转变的呢?他们是怎样将自我与自我意识区分开来的呢?他们又是怎样将自己与他人区分开来的呢?梅洛-庞蒂认为,在这个过程中,首先出现的是人们对自己身体的认同和区分:

> 我逐渐地意识到了自己身体的存在,逐渐明白了自己的身体与别人的身体的不同之处,同时,我开始觉得自己会根据别人的表情来调整自己的意向和行为,并且同样也希望别人能够根据我的表情和手势来调整他们的意向。孩子们通过这种体验过程了解到自己的身体是一个封闭的整体,当他看到(尤其是从镜子中看到)自己的身体时,他就会毫不怀疑地认为自己的身体和镜子是两个相互分离的物体。将自己的身体具体化使孩子发现了自己和别人的不同之处,发现了自己身体的"完整性和封闭性"(insularity),由此他也可以推断,别人的情形也是一样的。②

孩子发现自己的身体与别人的不同之处以后,就有可能发现自己的内心世界,内心世界就附着在自己的身体之上,内心世界是通过身体展现出来的。

当然,在大人看来,孩子们的自我认同早在他们发现自己与别人的不同之处之前就已经形成了。事实上,人们通过对新生儿和母亲之间的交流和互动进行观测后发现,新生儿远不是人们想象中的那样被动,他们并不是有了刺激后才作出反应的。从一生下来,孩子就和周围的环境进行着动态的交流,因为这个环境里的人和他有着共生的关系。很快,父母也会发现自己的孩子有很多不同于其他孩子的个性和特质(idiosyncrasies)。从父母的角度来看,孩子已经有了自己的特质。

---

① 请参见 Merleau-Ponty (1964),p.119。
② 同①。

但是，孩子太小，他还只具有潜伏的、潜在的体验自我认同的能力。孩子还没有意识到自己和他人的不同之处。

基于他所作的一些研究，梅洛-庞蒂提出了这样的观点：孩子对自己身体的最初意识是一种内感受式的（introceptive）意识，他所感觉到的"我"是一个主观上的我。甚至在他观察别人的身体时，也不完全是靠外感受来进行，因为在这个过程中，他漏掉了一些信息：

> 比如，孩子有时会因为有人离开了而大哭起来⋯⋯[这是因为]他有一个"不完整的印象"（impression of incompleteness）。其实他在乎的并不是谁走了，而是有人离开后，他感觉自己不完整了，也就是说他并不清楚刚刚离开的人的身份。可见，孩子第一次和他人的外部接触只可能是通过外感受（extroceptivity）来进行的。①

在梅洛-庞蒂看来，孩子对自己身体的感知是逐渐地、断断续续地形成的外感受，比如，6 个月大的小男孩就会用一只手去抓弄自己的另外一只手。当孩子能够意识到一只手触摸到另一只手的感觉，能够看清自己的身体，能够感觉到自己的身体时，他们对自己身体的认识就逐渐形成了内感受。② 当然，我们还得提醒自己记住内感受并不是一种关于自我的原始状态。如果有人突然从自己的身边离开，成人有时候也会体验到这种不完整的感觉。然而，由于有了一定的生活经历，成人的自我反思力（self-reflectivity）要相对成熟一些，他们的内感受意识（introceptive awareness）也就更为复杂和完善。

梅洛-庞蒂还认为，即使孩子在镜子中看到了自己的真正模样，他们对自己身体的意识还是更多地与他们身体外部的体验（out-of-body experiences）相联系，据说人们通常是在梦中或临死的状态中才会感受到这种身体外部的体验。在这种状态下，人们并不是真正识别出了一

---

① 请参见 Merleau-Ponty(1964)，p.124。
② 同①，p.123。

个"我"，而是觉得自己同时既在此处，又在彼处。"孩子首先是看见自己的身体'在彼处'，却又感觉到自己的身体'在此处'…… 可见，人们有时会觉得自己的身体无处不在，既在镜子中，又在我们的感觉器官所能触及的地方。"①因此，在孩子出生后的头几年里，他们经常会和镜子中的自己玩。当他知道镜子中的人就是自己的时候，孩子的认知能力就会发生一个重要的转变，因为他从此就多了一个"镜中我"（specular image）的概念：

> 对他来说，认出自己在镜子中的影像就意味着他知道了可以从另外一个角度来观察自己。也许迄今为止，他还从来没有真正看见过自己，而只是从眼角的余光里看到过自己身体的某些部分。镜子中的影像使他得以成为自己的一名观众（spectator）。看到镜子中的影像后，孩子也会明白，自己是可见的（visible），既可以被自己看见，也可以被别人看见。②

在自我发展的过程中，意识到自己的可见性（visibility）与意识到自己不可见的可能性（possibility of invisibility）其实具有同样的意义。内心的不可见，也就是秘密之所以成为可能，就是因为可见性的存在。

真正的自我感觉得以出现的首要条件就是体验自己真实的身体和内心感受到的身体之间的一种疏离（alienation）："与自我之间的疏离其实就是故意隐藏一些东西（confiscation），以保全自己的利益，不过，通常说来，在镜子边旁观的人也可以从这种疏离中看出想要掩藏的东西。"③ 在自我认同的形成过程中，这种疏离是非常必要的。这也是为什么梅洛-庞蒂说孩提时代使孩子们"获得了一种人类幼年时期所必需的不安全感，因为自己所感觉到的自我和我自己乃至他人所看到

---

① 请参见 Merleau-Ponty（1964），p.139。
② 同①，p.136。
③ 同①，p.137。

的自我之间不可避免地存在着冲突"①。(为了避免混淆,我们必须看到梅洛-庞蒂在这里所提到的第一人称和第三人称的自我认知,与米德所指的"宾我"是不同的。)

　　看来,对"镜中我"的身体上的体验会引发两种类型的分离意识:一种是自我和他人的分离,另一种是自我和自我的分离。具体说来,人们还并不清楚,在发展自己的自我认同时,孩子们体验的"镜中我"的程度以及经历会不会有所不同。镜中的形象,也就是人们在镜中看到的自我和他人的形象,经常被当做很多其他相关事件和经历的例子,比如,人们有时候会通过模仿某个孩子的行为和举止(就像镜子一样)来取笑他,孩子有时候也会突然用一种莫名其妙的方式来观察和打量自己身体的某些部位。这些事情使孩子获得了自我观察的机会,自我观察又会使孩子获得新的理解形式,建立起自己与周围世界的新型关系。

　　自我观察使孩子不仅能认识自己,也能认识自己与周围环境之间的距离。由此,他们对自己的认识就变得更外在化(externalized)、更复杂,因为这种认识吸收了他人对自己的看法。梅洛-庞蒂认为,生活中的这些他人"会把自我的内心世界撕裂,把我从中拉出来,而不只是像镜子一样机械地反射出自我的形象"②。在这个被撕裂的内心世界中,就产生了体验秘密的空间和可能性——一个新的内心世界——它会给孩子们的自我认同的发展提供实际的形状和具体的内容。

认同和内在的自我

　　一般的人都不难理解,我们每个人都有自己独特的"自我认同",这种认同的真正稳定的内核就是"内在的自我"。毫无疑问,随着时间的流逝,我们的自我认同也会经历一些变化。比如,长大以后,我们可

---

① 请参见 Merleau-Ponty(1964),p.137。

② 同①,p.136。

能不会像小时候那样害羞和胆怯。小时候认识我们的人过一段时间再看到我们时会觉得我们变化很大，然而，我们从不怀疑在内心深处，我们依然是同样的一个人。这是因为我们往往认为自己比周围的人更了解自己。等到长大以后，小时候认识我们的人也许就认不出我们了，但我们依然认识自己，知道自己是谁，知道自己的一些秘密想法与愿望，知道自己的这些想法和愿望经历了怎样的变化，也知道这些变化究竟会给我们的自我认同和内心自我的形成带来怎样的影响。

勒内·笛卡尔（René Descartes）在探讨内在自我存在的哲学合理性的过程中扮演了一个至关重要的角色。他的名言"我思故我在"与"我疑故我在"（cogito ergo sum，I doubt/think, therefore I exist）非常理性地肯定了主体的直觉，也肯定了内在的自我存在的有效性。然而，如果有人要我们描述内在的自我与自我认同是如何体验的，我们肯定会不知从何说起。当我们把注意力集中在内在自我的感觉上时，我们就不得不承认，我们什么也找不到。事实上，我们能感觉到，一旦我们想好好审视一下自我，那个"捉摸不透的自我"（elusive self）就会逃得无影无踪。难怪弗里德里奇·尼采（Friedrich Nietzsche）认为一个稳定的自我认同的存在不过是一个幻影（an illusion）。确实，我们的内心的情感、记忆和思维都在不断地变化，所以那个多元化的自我也是变幻莫测的、不确定的。显然，我们也一直被这种矛盾困扰着，一方面，我们相信自己拥有不容否认的自我认同，但同时我们也知道现在的自己与以前的自己是完全不同的。事实上，在不同的情况下，我们所体验的自我都是不同的，"多元化的自我"（a plurality of selves）的行为表现还受着周围的人的影响。比如，我们在家里的表现就不同于我们在学校或工作中的表现。

因此，人们对自我的认识和看法总是随着社会和环境的压力而改变，这种认识和看法就很难与作为人们内心的基本核心的看法统一起来。那么自我的变化和自我概念的变化是不是能够真正调和呢？一方面，我们感受到了变化中的自我（多重社会的自我或多层次的自我），以及威廉·詹姆斯（William James）所说的意识流（flux of consciousness）中具有非连续性（discontinuity）的自我；另一方面，我们也感受到了具有唯一性、连续性的自我与自我认同或自我同一性：它们之间确实存在着矛盾。

法国哲学家保罗·里克尔（Paul Ricoeur）认为在笛卡尔的内在自我认同的决定论（determination of an inner self-identity）与尼采的自我存在的否定论（denial of the existence of any such identity）之间没法找到调和矛盾的方法。[1] 于是，里克尔对他们所指的自我认同的意义作了明确的区分，他认为自我同一性（self-sameness，法语中写成 *identité du même*，拉丁语中写成 *idem identity*）与自我（selfhood，法语中写成 *identité du soi*，拉丁语中写成 *ipse identity*）是不同的。对一个我（one-self，*soi-même*）的认同与对自我（self，*le soi*）的认同是不一样的。里克尔似乎想说明自我的连续性（continuity of self）与自我的同一性（sameness of self）是不同的。而且，这两种不同的认同感与个人的成长历史之间的联系也是不一样的。随着时间的流逝，与 *mêmeté*（自我同一性）相关联的那部分自我认同在内部和外部都会发生变化。从内部来看，我们会变得更加成熟，更加有见识，更加明智，不那么容易冲动；从外部来看，我们会变老，变得大腹便便，头发会变得花白，也许还会秃顶，体形也会改变。这样，我们的自我认同（identity）也就改变了。然而，与 *ipséité*（自我认同）相关联的那部分自我却没有发生改变，也就是说，自我认同与我们个人内心的那个不变的内核（core）是没有关系的。

为了将自我认同的两重含义统合起来，里克尔引入了叙述（narration）的概念。人们的自我认同就隐含在他们所讲述的关于自己的故事之中。换句话说，我们并没有必要在以下的两者之间作出选择，一方面是不随时间改变的稳定的内核，另一方面是不断变化的、不具有固定特征的自我碎片和多重的自我形象。[2] 里克尔所提出的自我的概念也许可以从某些方面解决这一对矛盾，他所说的自我包括叙述式自我（nar-

---

[1] 请参见 Ricoeur（1992）。

[2] 请参见本书第 10 章。

rative self）和传记中的自我（biographic self），在解决矛盾时，具体的方法有两种，一种是叙述式自我对过去的重新阐释和理解（也就是用叙述的、创造性的想象来讲述自己的故事，重新阐释自己记忆中的一些事件），另一种是传记中的自我对自我进行重新的分类（re-categorization）（以寻求一种秩序感和一致感）。这样来看，内在自我的概念在很大程度上有赖于主体性（subjectivity）的形成，同时也需要他人（another）来认可和肯定它。

根据里克尔的观点，叙述式自我（narrative self）的教育学意义就在于它使秘密成为可能，使秘密成为孩子们和年轻人的自我构建故事中的基本要素，也让他们的自我认同逐渐形成。秘密可以深化并丰富我们的内心体验，使我们更好地理解自我与自我认同的含义，更全面地认识自己。而且，在前面的几个章节中，我们提到过好几种用来探讨秘密和内心世界（inwardness）、秘密和自我认同之间的动态联系的方法。

对秘密的体验同时总是对自我和自我认同的体验。秘密让我们觉得自己有了深度。各种不同的秘密体验分别指向自我认同的意义的不同层次和不同领域。为了从不同的层面和维度更好地把握自我认同的意义，我们不妨经常问问这样的问题："在隐藏秘密的时候，自我是如何被掩盖和藏匿的呢？""自我认同的形成和塑造究竟会有什么作用呢？"

虽然梅洛-庞蒂，里克尔和其他的一些学者引导我们用一种叙述式的（narrative）手法来理解自我认同，思考自我和内心世界（inwardness）等现象的产生和意义，但是，他们并不可能提出一个关于内心世界的总结性的理论，也未能使我们对秘密在塑造自我认同中所扮演的重要角色有一个明确、清晰的了解。自我的含义是模糊的、能够引起歧义的。自我究竟是什么呢？也许我们最好把自我理解成自发形成的（self-produced）。这样的话，我们就不用纠缠于自我的某个特定概念，从而可以把关于自我认同的很多文献都当做实用的资料，用以研究自我的意义以及秘密的教育学意义（pedagogy of secrecy）之间可能存在的关系（它们的关系有时是互补的，有时是对抗的）。

秘密可能存在吗？一个心理学的问题

究竟是什么使秘密成为可能的呢？毫无疑问，在日常生活中，社会条件和文化传统会对秘密的存在起一定的促进和阻碍作用。然而，为了更好地解释秘密这种现象，我们有必要首先对自我（ego or self）的本质和特性进行一定的探讨。首先，让我们来假定秘密是根本不可能的，比如，我们可能认为自我是不存在的，如果这一点成立的话，那么秘密很有可能也不存在了。

把自我看成一种幻影其实也不是什么荒唐的事情，因为我们很少用（就算曾经有过）体验自我的方式去体验我们生活中其他的人和事。当我们在内心里审视和观察自己的时候，我们并不能看到一个实实在在的物体，也不可能指着一个东西说："看，在那儿，那就是自我！"① 如果怀疑论者（skeptics）和激进的后现代论者（postmodernists）所持的观点是正确的，自我只是一个幻影，那么秘密看起来也只会是一个幻影。如果我们假定自我以及思维都不存在，只是一种自欺欺人的（self-deceptive）解释，那么，秘密的概念与这种想法就是矛盾的、不可兼容的。

换句话说，承认自我是解释秘密现象的预设前提。然而，这里所指的自我并不一定是具体的物体或存在物（an object or entity）。自我是复杂的、动态的，是不断变化和发展的。詹姆斯用意识流（stream of consciousness）来定义自我。他认为，意识并不是一个具体的物体或存在物，但是它是人们与世界之间的一种"鲜活的联系"（living relation）。虽然内心的自我是不能直接看到的，但是人们却总是把它构建为一个主动的、积极的、具有个性化意义的、能够引起关注的概念。我们就是我们的意识，因此，不管是从心理的角度、社会的角度还是生理

①　关于对这个问题的进一步阐述，请参见 Modell（1993）关于秘密自我的综合性文章。这篇文章的重点在于对隐私方面的讨论。

的角度来看，我们都处在不断的变化之中，但是自我之中必须包含一个持久不变的核心（core）。①

詹姆斯认为自我包括三个不同的方面。首先是经验的自我（empirical self），也就是我们具有物质存在特性的身体。其次是社会的自我。自己和他人有多少种类型的社会关系，就会有多少个社会自我的形象。比如，在有些人面前，我会是个睿智、幽默的自我，而和另外一些人在一起时，可能会表现成一个愚蠢、笨拙、羞怯的自我。第三是精神的自我（the spiritual self），这是自我的核心，是内心最深处的真正的自我。虽然在不同的环境和社会状况中我会表现出不同的形象，但是我知道还有一些东西是我一辈子也不会改变的。最后一种自我主要包括道德修养和意志力等方面的个体特征。②

婴儿就有区别自我与非自我（non-self）的能力，因此对于自我体验的研究和考察可以从婴儿期开始。孩子与母亲的关系，孩子与周围物品的关系，孩子所做的一些不由自主的手势，孩子喜欢的一些让他们觉得开心的活动等，都可以帮助我们去研究婴儿的自我体验。换句话说，婴儿的自我既可以从内部，也可以从外部被激活。

总之，想通过内省或直接的内部观察来研究"纯粹的自我"（pure self）是成问题的，这就好像是想通过沉思来研究自我一样。因为我们没法"看到"或体验到任何确定的、具体的东西，不存在一个所谓的精神结构（a psychic structure），我们所定义的"自我"其实就是我们内心的一种体验。③

---

① 请参见 James（1890/1950）。

② 同①。

③ 比如，物体分析理论认为，自我在物体中发现其自身也是一个物体。这个自我的主观性存在依赖于一个自我实体。但这种对自我的分析观念可能使秘密的意义从一个丰富的内心"世界"降低为某种器皿。用弗洛伊德的观点来看，在别人眼里，自我很大程度上被视为一种精神的实体。心理分析的观点认为秘密是儿童时代的病理学现象，它们的产生完全是为了避免反思和自我意识。它们是人们所说的潜意识的一部分，因为病人自己都没有意识到这些秘密的存在。一旦认识到这些秘密之后，可以说，此人就转到秘密状态活动。而这种逃避限制了人形成和保持亲密关系的能力。因此，在弗洛伊德的观点来看，秘密确实存在，但却是隐藏的机制，个体本身并不知情。这个个体的病态可能不仅影响到其本人的精神生活，也影响到他或她的孩子们。例如，秘密可能产生的一个后果是：父母的过度焦虑可能重现在孩子的自我中，表现出身心失调，成年后，会有与其父母相似的行为表现。然而，问题在于，通过对自我的心理分析来看待秘密只能是主观性的、病理性的、结构性的，而不是有益于个人成长的丰富的经验范畴。

其原因之一是，我们想通过内省来发现和找到自我，这样我们又陷入了一个常见的悖论之中，因为这无异于用我们看东西的眼睛去看自己的眼睛（trying to see the eye with which we are looking）。但是，我们确实可以通过间接的方式看到自己的眼睛，比如我们可以照着镜子去看。同样，我们也可以通过体验秘密间接地体验内心的自我。

秘密可能存在吗？ 一个哲学的问题

人们是否可以保守秘密，这似乎是一个很奇怪的问题。在日常生活中，我们好像没有怀疑过自己是否能够将某些事情藏在心里不让别人知道。秘密是否真的存在好像是一个典型的哲学问题，因为哲学家们的思维都超越了他们生活在其中的真实世界。事实上，即使哲学家也不会怀疑内心世界存在的可能性，因为怀疑本身也是哲学中的一个基本问题。承认人们内心世界的存在是现代哲学的基本原理。"我思"是连笛卡尔也不怀疑的一个事实。但是，从这种怀疑中，人们却坚信了自己的存在："我思故我在"。并且，人们可以在不怀疑自己的存在的前提下怀疑世界上的一切。笛卡尔发现，他可以怀疑自己的肉体的存在，怀疑周围世界的存在，但是却不可能怀疑自己的内心思维的存在。为什么呢？ 因为怀疑本身就是一种思维。

怀疑自己是否有思维似乎是不太可能的。但是，对别人是否有思维进行怀疑却有可能。尽管我们并没有经常对别人是否有思维表示怀疑，但是我们知道这种怀疑并不是哲学家专有的权力。每个人或许都对别人是否有思维表示过怀疑。即使小孩子也可能有过这种怀疑。在荷兰作家埃里克·特顿（Eric Terduyn）的小说《冰公主》（*The Ice Princess*）中有这样一个情节，两个孩子坐在海滩边谈话：

> 芙罗特（Froukje）问我将来是否想去美国。我说："也许会吧，但是我真的很想当一名兽医，你觉得这样好不好？"

"你想问我觉得这样好不好?"她吃惊地问道,"哦,当然好啦。我觉得这是个很不错的工作。"

她一直盯着大海,我看了看她,心里想,我可以思考我想思考的任何事情。她也会思考吗?我看别人是不太可能会思考的,他们会全身心地思考吗?大人也许是不会思考的,因为他们没有时间……没有人会注意你究竟在思考些什么。芙罗特就坐在我的旁边,我可以想她,她会不会感觉到我在想她呢?我也可以想起威利太太(Mrs. Willy),她坐在海滩边,海潮冲过来,把她包围起来,她尖叫着拔腿就跑,说不定还会尿湿裤子呢。或许我也可以想那只鸽子,它"咕咕"地叫着,突然飞走了。①

通常,我们都会认为人们接近自己思维的方式不同于人们接近他人思维的方式。特顿的故事中提到的那个男孩一定在猜想他的朋友芙罗特心里究竟在想什么。他接近自己的思维的方式似乎可以是直接的,但他却只能通过间接的方式去了解芙罗特的想法。这事实上就是已经被哲学家们认同了的"不对称"(asymmetry)现象。看来,哲学思维和日常思维也是一致的。我们必须根据他人的表情和行为来推测他们的想法,也就是说,我们只能间接地了解他们的想法。相反,我能够通过内省(introspection)直接知道自己的感受和情绪。哲学中有一种说法:"我比你更知道我自己在想什么",这就是我们常说的"第一人称权威"(first-person authority)。

然而,哲学家从来就不会把这种想当然的事情想当然。他们好像总是在把事情弄得更为复杂。我们可以设想,其实,我们自己有时候对自己来说也是一个谜,就好像别人对我们来说是一个谜一样。但是这种想法不符合我们已有的基本直觉(intuition)。因此用不对称和第一人称权威来解释也许会更合乎情理。然而,英国著名分析哲学家吉尔伯特·赖尔(Gilbert Ryle)却不无挑衅地批评笛卡尔说,就像别人试图

---

① 请参见 Terduyn(1982),p.92。

来了解我们一样，我们并不是直接了解自己内心的想法，而是通过自己的行为间接了解的。赖尔认为，人们只有通过外部世界才能接近自己的内心世界。换句话说，我们并没有什么接近自己内心的优先权，第一人称权威是不存在的。①

赖尔将笛卡尔的意思完全颠倒过来了，他怀疑的不是外部世界的存在，而是内心世界的存在。路德维格·维特根斯坦（Ludwig Wittgenstein）也对内心世界的特征提出过疑问。维特根斯坦也承认我们接近自己的内心世界的方式与我们接近他人的方式是不同的，但是，和赖尔一样，他并不认为我们的内心世界是隐秘的、私人的——好像我们经常要作出决定，即决定把什么东西隐藏起来，把什么东西展示出去。他这样说道：

> 在什么样的情况下人们可能会说"只有我才知道你在想什么"呢？——人们或许也说过这样一些话："我不想把自己的所想说出来"，"我要把我的想法保密"，"你们这些人是猜不透我的想法的"。②

当我们想保护自己的想法不让别人知道时，我们只利用了第一人称权威，这样我们就把自己和他人隔离开来。维特根斯坦说这种做法和假装（pretending）是一样的。通常说来，我们在彼此面前就如同一本打开的书，至少，我们并没有总是把事情掩藏起来。

有时候，我们的同伴会心不在焉，一不小心就走神儿了，我们可能会说："我给你钱，你别走神儿好不好。"事实上，我们并不是真的想知道同伴究竟在想什么，我们只是想"让他回到真实的世界中来"。"走神儿"有时候也可能会被同伴误认为是"假装"。维特根斯坦说：

> 我们确实这样说过："我真的想知道他现在究竟在想什么。"

---

① 请参见 Ryle（1949）。
② 请参见 Wittgenstein（1980），p.571。

　　我们也很可能会说："我想知道他现在究竟在他的笔记本上写了些什么。"很明显，我们以为他所想的就是他在笔记本上写下的东西。①

　　因此，把对自我的了解看成一个内在的过程似乎不太恰当。和维特根斯坦相比，哲学家唐纳德·戴维森（Donald Davidson）所作的分析就更加深刻，他认为心理状态并不只是"存在于大脑中"，我们总是根据自己的处事方式和平时在生活中积累的常识来了解内在的自我的。他说："主体间性（inter-subjectivity）就是指这样一种状态，每个人都能使用自己的思维去理解和探索他人的想法。"②人们如果知道别人在想什么，那他也会同时知道自己在想什么。戴维森指出，人与人之间的交往是很不完美的，人们有时候所说的话并不一定有实际的意义，因此我们必须不断地用一种宽恕和谦和的态度来调整自己的理解。一般来说，在交往过程中，人们还是可以彼此理解的，我们或多或少也可以知道人家心里在想什么。但是成功的交流和沟通也有赖于我们对自己的充分了解。戴维森认为在接近和了解自己内心思维方面，当事人自己（第一人称）并没有更多的特权和优势。但是，我们可以使他人对自己的了解程度尽可能接近我们自己对自我的了解程度。换句话说，因为每个人都有自己的内心世界和思维，所以不对称还是会继续存在。这也意味着保持完全的开放（complete openness）是不太可能的，因为完全开放的前提是我们必须对自己和他人都有彻底的了解。对自己和他人的了解都是一种不全面的、动态的、延续的和发展的交往历程。

　　总之，我们不能把自己的内心世界看成一个只供我们自己表演和观看的剧院。秘密和隐私所包含的并不一定是我们日常生活和社会交往中经常出现的事情，相反，还可能是一些异常的事情，当然也不是不可能的事情。秘密和我们所处的具体情境相关，和我们在这些情境之

---

①　请参见 Wittgenstein（1980），p.577。
②　引自 Borradori（1994），p.51。另请参见 Davidson（1994）。

中的表现方式有关。哲学中关于人们是否可以保守住秘密的阐述，再一次强调了秘密和我们真正的生活体验之间的关系。尽管我们有时候会（通过假装、模仿、伪造和说谎等形式）将自己内心的某些想法和情感掩藏起来，但是掩藏和展现确实是密切相关的。在和人交往的过程中，我们如果想将某个秘密掩藏起来不让他人知道，那么我们所关注到的就只会是守住秘密的重要性和意义了。

第 9 章　内心世界的形成和发展

孩子们发现自己有了秘密，就意味着他们内心世界的诞生。

——作者题记

秘密的认知发展

德国心理学家伊丽莎白·弗利特纳（Elizabeth Flitner）和雷娜特·瓦尔廷（Renate Valtin）（1984/1987），曾经尝试着去探索儿童认知发展过程中秘密心理在不同阶段所具有的一些特性。[①] 他们作了一项实验，让一些学龄儿童观看一部电影，其中有这样一个情节，两个 10 岁左右的女孩在起居室里一起玩耍：

> 罗莎（Rosa）：你知道吗？
>
> 卡特娅（Katja）：什么？
>
> 罗莎：昨天我偷偷地吸了几口香烟，味道很不好，我觉得很恶心，而且我还真的有点害怕呢。
>
> 卡特娅：爸爸妈妈不允许我抽烟。
>
> 罗莎：我的爸爸妈妈也不允许我抽烟，所以我刚刚讲的事情可是个秘密哟！

---

① 请参见 Flitner & Valtin（1984）。

（正在这时，卡特娅的妈妈走进了房间。）

妈妈：孩子们，你们的样子怎么这么滑稽呀……（妈妈好奇地
看着她们）是不是做了什么坏事呀？

卡特娅：不是我！是罗莎！她告诉我说她昨天偷偷地抽了烟。

妈妈：（警告的口吻）唉，卡特娅！

　　弗利特纳和瓦尔廷发现在 5—12 岁这个年龄段中，孩子们关于秘密
的概念会发生彻底的变化（radical change）。对于非常年幼的孩子而
言，他们关于秘密的概念总是和他们的自我意识联系在一起。处于 5—
6 岁年龄段的孩子认为，泄露秘密的是罗莎，而不是卡特娅，因为罗莎
自己说她偷着抽过烟。当孩子们长到 12 岁以后，秘密的概念就与友谊
的标准（norm of friendship）联系在一起。12 岁的孩子认为，卡特娅应
该为自己泄露了他人的秘密感到内疚，因此他们认为妈妈说的"哎，卡
特娅"其实是一种责备。

　　相反，5—6 岁的孩子仍然坚持将秘密与自我意识联系起来，当实
验人员让他们重新解释妈妈所说的话的含义时，有些孩子说妈妈误解
了当初的情况，有些孩子说妈妈可能是不小心将名字弄错了，还有些孩
子认为妈妈根本不相信罗莎真的抽过烟。对于年幼的孩子来说，揭露
一个秘密就意味着揭露他们自己。32 个参与实验的孩子中，只有 5 个
孩子看起来知道社会是禁止人们随意揭露他人秘密的。还有些孩子虽
然知道人们有不去随意揭露他人秘密的义务，但他们却没有将这种义
务与友谊的标准联系起来。

　　为了证明"孩子们虽然理解秘密的含义，却还是不能做到为他人保
守秘密"这样一个事实，弗利特纳和瓦尔廷援用了皮亚杰（Piaget）的理
论来进行解释。皮亚杰认为，孩子们年幼的时候处于一个自我中心
（egocentric）的阶段，存在着一种多嘴（verbalism）的现象，因此他们的
思维与行动之间就会出现不一致（inconsistency）。皮亚杰认为，处于这
一年龄段的孩子所说的话都是自我中心的。然而，还有一种说法认为
帮他人保守秘密也是要通过实践才能学会的。孩子们泄露别人的秘密

并不是因为他们喜欢说话，而是因为他们还不知道如何去掩饰。他们必须通过学习来获得这种能力。

对于5—6岁的孩子而言，秘密通常与他们追求独立的愿望（desire to be independent）联系在一起。弗利特纳和瓦尔廷认为年龄稍大一点的孩子通常会把秘密和禁止（prohibition）联系在一起。孩子们为了避免和大人之间的冲突，就逐渐知道了秘密的界限。弗利特纳和瓦尔廷还提出了"善意秘密"（nice secret）的说法。秘密的通道、秘密的藏身之处、地毯上的某个洞穴等都是孩子们留给自己的秘密——这些秘密是不会违反道德标准的，是"善意的秘密"。从善意的秘密向禁区（realm of the prohibited）的过渡是逐渐的、缓慢的。处于这个年龄段的孩子的思维与行动之间就会开始出现矛盾（discrepancy），而且他们承认要让他们保守秘密是很难的。

也许，在儿童早期，孩子们保守秘密的方式就有了差异。弗利特纳和瓦尔廷的研究中，大部分6岁左右的孩子就知道去考虑该不该把秘密说出去的问题了。秘密是否能够和人分享主要与它所涉及的事情相关，要看与它相关的事情是好事，还是坏事，或者是不是危险的事。有时候，你会愿意把秘密告诉妈妈，却不会告诉别的任何人。当然，对大多数孩子而言，这种自发形成的规则（spontaneously formulated rule）也并不一定有约束力。

弗利特纳和瓦尔廷通过研究发现，只有6—10岁的孩子才会经常去思考该不该把秘密泄露出去的问题。10岁的孩子就会用友谊的标准来确定自己的行为。12岁的孩子越来越能够感觉到自己为他人保守秘密的责任，他们认为泄露他人的秘密就意味着自己失去一份友谊。弗利特纳和瓦尔廷还认为，大一点的孩子就不会对"善意的秘密"感兴趣了。我们还不能轻易确定这是不是真的，但是秘密好像确实是与禁止的事情相关的，而且那些可能招致危险的事情也应该保密。因此，随着孩子年龄的增长，恐惧和害怕惩罚也许就成了他们保守秘密的重要原因。孩子到12岁时，他们的秘密标准就和他们的朋友圈子（circle of friends）非常相关了，因为这个年龄段的孩子已经能够明显地感觉到外部的压力（external pressure）了。

　　弗利特纳和瓦尔廷好像没有注意到他们的这些解释会和皮亚杰的理论有冲突。皮亚杰的认知理论阐述了保守秘密的真正含义，也论述了孩子们学会保守秘密的过程是如何一步一步展开的。有趣的是，他们列举的一些事例提供了很多有力的线索。他们曾经问一个 5 岁的孩子，问他是否知道什么叫秘密，孩子回答说："知道，我已经告诉过别人好多秘密了。"当然，把这种多嘴的现象归因于思维和行动之间的不一致是可行的。事实上，人们通常会认为一旦你知道了什么是秘密，你同时就应该能够保守秘密，这是一个看起来很有理论基础的假设。但是，这个 5 岁孩子的回答确实让我们感觉到了某种程度的惊讶。人们非常好奇，想知道秘密究竟是什么，他们知道秘密就是必须隐藏起来不说出去的事情，但他们却又做不到。

　　事实上，对于成人而言，这种现象也不陌生。我们也许经常会感觉到要保守住一个秘密真的很难。所以真正的问题就转化为：是不是很多（即便不是所有）孩子都必须经历这样的一个阶段，他们知道秘密的事情必须隐藏起来不说出去，但他们却做不到？另外一种解释就是小孩子还没有将社会生活中的某些规范和习俗（conventions）完全内化。从社会学的角度来看，孩子之所以是孩子是因为他们还处在前习俗阶段（preconventional level）。换句话说，孩子们还不了解关于秘密的一些社会规则，他们不知道秘密和人际关系之间存在着微妙的关系和分歧。两种解释都基于这样一种假设前提——保守秘密需要学会处理内在的一些因素，即人们的内在特征。

　　我们不妨把人们学习保守秘密的过程比做捉迷藏游戏（the game of hide-and-seek）中学会把自己隐藏起来的过程。尽管我们知道秘密并不是藏在我们身体内部的某个看得见的地方或部位，但是两者之间的相似之处是显而易见的。在捉迷藏的游戏中，我们必须把自己的整个身体都隐藏起来。

　　我当时肯定还很小，因而父母亲允许我和邻里的其他小孩子一起玩。我记得我当时找到了一个很好的藏身之所：大门的角落里。我将自己的身体挤进了那个角落里，捂着鼻子，紧紧地闭上眼睛，以为这样别人就看不见我了。我静静地、一动不动地站在那里，还用手把眼睛也捂起来，希望人家看不见我。但是那个寻找我的女孩不一会儿就在叫我的名字了，我觉得很失望，也很迷惑。我睁开眼睛，一下子明白过来自己是多么的愚蠢，因为我以为自己闭上眼睛看不见别人了，别人也就看不到我了！从那一刻起，我就学会了如何将自己隐藏起来，学会了如何玩这个游戏。

在学会保守秘密的过程中，我们首先就必须学会把所有那些可能出卖我们的线索隐藏起来，让别人看不见，这些线索犹如我们伸展着的四肢。隐藏自己和隐藏秘密的能力好像是通过某种顿悟（a shock of awareness）获得的。

作为内心世界一部分的秘密

孩提时代的秘密其实是人们内心留下的关于自己的印象，成年人也可以通过自我反省（self-reflection）构筑出这种形象。① 人们掩藏在内心世界的一些特质，有时候几乎可以和人们的外在表现完全相反。这是一个隐蔽的、看不见的、虚构的、神秘的空间。这里有人们不想泄露的秘密，有人们珍藏的记忆，有人们的悲伤和苦恼。需要的时候，人们就可以把这些隐藏起来或是提取出去。人们的冲动、欲望、动力、计划和紧迫感都会不知不觉地从这个内心空间里产生，好像是从一个黑暗的深渊里一下子窜出来的。这种体验其实就是一种自我反省，有时候是隐藏的，有时候却是非常明显的，我们可以通过内省进入这个世

---

① 请参见 Buytendijk（1964）。

界，也可以用遗忘的形式关闭这个世界。①

可见，孩提时代的秘密体验是和人们内心世界的想法和印象联系在一起的。对于特别年幼的孩子来说，他们对这种内心世界的体验与他们对自我意识的反省是不相同的。在孩子五六岁的时候，他们好像就形成了这样一个内心的空间。再小一点的孩子也许就没有内心世界了，这听起来有点奇怪。比如，非常幼小的孩子也会做梦，从这一点来说，他们也有自己的内心世界。然而，能将一些事情藏在心里、藏在内心的某个空间里，其实是一种不同的内在特征。内心世界真的很像一间房子，我们可以把它关起来，和外部的世界隔绝开来。因此，有些孩子可能会突然明白自己的父母根本不可能看透他们的内心世界，爸爸妈妈也不可能完全了解他们的思维，一旦发现这一点，他们也会非常震惊的。可见，如果我们将内心世界（inwardness）理解为保留自己的秘密不让他人知道的意识和能力的话，那么这个内心世界并不是一开始就存在的。

有时候，人们很可能会曲解一个发展阶段向另一个发展阶段的转变过程。皮亚杰认为儿童与世界之间关系的转变是突然的、彻底的；不同发展阶段之间是不相容的，是无从比较的（incommensurable）。儿童一旦达到了一个更高的层次，他就不会倒退了。如果儿童失去了他的天真无邪，那么他就永远不可能重新回到天真无邪的境界之中了。皮亚杰提出的"天真的丧失"的概念看起来确实有其正确性。儿童一旦学会了、了解了某些知识，他们就不会再生活在没有意识的无知状态中。从这种意义上说，孩提时代确实是个天真无知的阶段，孩子们并不知道他们生活的这个世界里还有邪恶，他们也不知道和自己一起生活在这个世界上的人们会做出些什么事情，这些事情对孩子们会意味着什么。孩子在幼小的时候并不知道世界上还有黑暗和神秘的力量。一旦他们自己发现了这些力量，孩子们的世界将彻底改变。比如，孩子们对黑暗的恐惧很容易转变成他们对黑暗世界里的"邪恶事物"的恐惧，他们会认为半

---

① 请参见 Buytendijk（1964），p.62。

开的门后、飘动的窗帘后都藏有魔鬼，窗户上的刮擦声也是魔鬼作祟发出来的。两岁或者更大一点的孩子很容易体验到这种恐惧，尤其是当他们知道晚上父母将把他们单独留在自己的房间里的时候。

然而，从另一个角度来讲，这种发展其实是循序渐进的。早期的阶段并不是一去不复返的。比如，随着年龄的增长，孩子的自我中心意识会逐渐减弱，但是他们并不会完全失去这种自我中心的意识。这并不是说他们会不时地回复到以前的自我意识之中，而是说他们终身都有可能体验自我中心的意识。

况且，心理发展并不是一个孤立的过程。皮亚杰以及弗利特纳和瓦尔廷在研究中都坚持这样一个观点，即儿童的发展主要是由生理特征决定的。现在看来这个观点还值得重新审视和斟酌的。心理发展是嵌于一定的文化背景之中的，因此发展的过程及其背景都打着它所在的文化的烙印。弗利特纳和瓦尔廷揭示的发展模式认为 5 岁左右的孩子就有了完全属于他个人的秘密，6—8 岁时的秘密具有个体差异（differentiated），学龄期和少年期孩子的秘密具有群体性（group bound），而成人的秘密则包含了所有这些特点！因为成人是有主体性的，他们能够接受新的思想，他们可以根据自己的意愿保守住自己的秘密，也可以在必要的时候说出自己的秘密。成人也有朋友，也会团结他人，但是和那些 12 岁左右的孩子们所不同的是，他们的秘密并不只是在朋友群体之间分享的。也就是说，成人会自己选择合适的他人（self-chosen others）来分享自己的秘密。

年幼的人有更强的独立自主的愿望，同时又希望自己能够成为他人中的一分子。对于非常小的孩子而言，他们和父母之间几乎是没有什么明显界限的，所以他们没有什么想独立自主的意识，也没有要和他人建立联系的欲望。年龄稍大一点的孩子就不一样，他们渴望拥有自己的思想，渴望和他人交流，渴望和他人建立亲密的关系，渴望获得社会的认可，所以他们难免要体验一种压力：

　　　　这种压力实际上是介于两个阶段之间的一种发展状态，即从共生依存（symbiosis）阶段到个性化（individuation）阶段的过渡。在共生依存阶段里，孩子相互之间没有界限，彼此分享着各自的东西；在个性化阶段里，人们清楚地知道自己是一个完整的、独立的主体，不会因为失去他人的爱就感到有威胁，所以人们在心理上也是独立的。人们了解秘密、懂得保守秘密的能力就是在这个过渡阶段发展起来的。①

如果独立的自我认同的发展与孩提时代保守秘密的能力的发展确实相关的话，我们就必须认识到给内心世界留出空间的重要性。同时，我们也可以看到，教育学对孩提时代的秘密的阐述中存在着明显的悖论（paradox）。对孩子负有照看义务的家长和老师必须用一种不知情的态度（a functional form of ignorance）来完成他们的任务。家长和老师引导自己的孩子或学生走向成年的唯一恰当的途径有时就是不要刨根问底地了解孩子们内心在想什么，不去了解孩子们到底在做什么。否则的话，孩子的个性（individuality）就很难真正发展。

内心世界发展的文化特征

正如我们今天所了解的，个性不是一种普遍的现象（a universal phenomenon）。关于这一点我们已经论述了很多。有人认为，在西方文化的历史中，只有某一个阶段是适合人的个性形成的。这样一种观点已经得到了人们的普遍认同，大家都认为文艺复兴时代的早期对现代人的形成和崛起具有决定性的作用。德国的社会历史学家诺伯特·埃利亚斯（Norbert Elias）在 1939 年出版的著作中全面、透彻地分析了这种文明化的过程（civilizing process），这种分析也许会给我们提供一个解释框架，便于我们解释与秘密相关的内心世界的方方面面。当

---

① 请参见 Szajnberg（1988），p.17。

然，我们既不会盲从心理分析框架（psycho analytic frame），也不会盲从埃利亚斯提出的整体文明化的观点（overall civilizing perspective）①，我们觉得很有必要利用埃利亚斯提供的各种历史资料和事例，从教育学的角度对其进行重新分析，这样可能会给我们提供一种宝贵的启发式（heuristic）的建议（加上我们在前面提到的社会和心理的角度），使我们能够通过反省整个文化和历史来更好地把握内心世界的发展，更好地理解秘密的含义。

埃利亚斯对整个西方社会历史中所遗留下来的关于举止和礼节的书籍进行了分析。他发现在中世纪末期和文艺复兴时代初期所写的作品中，有很多都是探讨内心世界发展的文化特征的。最早探讨人们的内心世界的作品是伊拉斯谟（Erasmus）的《儿童礼仪》（*De Civilitate Morum Puerilium*，1530）。这是一本写给儿童看的关于礼貌和道德标准的书。伊拉斯谟在书中谈论了身体部位的仪态、衣着、教堂礼节、用餐礼节、会面礼节、游戏礼节乃至寝居礼节等。令人吃惊的是他居然能在那个年代对这一切自由地发表自己的看法。但是，大约 5 个世纪以后，当我们今天读起他的这本书时，我们很快就发现他总是在触及我们现代人的痛阈（pain threshold），这种痛阈是"文明化"带给我们的结果。当然，伊拉斯谟绝对不是要故意来羞辱我们，使我们感到难受。根据埃利亚斯的分析，伊拉斯谟是过渡时期（transition period）理论的代表人物，所以，他能很自如地谈论那些和我们现代人已经相去甚远的中世纪传统与习俗。

其中有个很好的例子，是关于用餐礼节和餐具的使用方法的——早期人们用手取食的礼节。在伊拉斯谟生活的年代，人们用餐是不需要借助餐具的。直到 17 世纪，刀叉还是只有上流社会才偶尔使用的奢侈品。那么，人们不用刀叉而直接用手取食的习俗究竟会带给他们怎样的体验呢？看来，最初的这种用餐礼节并没有带给人们情感上的负

---

① 与埃利亚斯的观点相反，我们认为，即使有，这个世界从"文明"中的受益也是微乎其微的。可以这么认为，当代社会在道德的某些方面已经变异了，在其他方面可能有一些进步，而在另外一些方面则有很多损失。而我们并没有通用的标准来衡量这些价值观。

担。相反，它带给人们的是情感上的简约，这和我们所能想到的大相径庭。因为在那个时候，人们之间还不存在看不见的心理鸿沟。埃利亚斯认为，不管是在心理上还是在生理上，当时人们的距离都更近。或者换句话说，当时的人际关系和我们现在是不同的。比如，如果有人用嘴巴碰过某个东西，那我们肯定不会愿意再用嘴去碰，甚至也不愿意用手指去碰。埃利亚斯说，我们甚至一听到人们提起身体部位的功能，就有可能觉得恶心、尴尬和反感。① 也就是说，我们会体验到一种分隔、距离和冷漠，但是在别的时间、别的地点是体验不到这种感觉的。不过，这种情形也会有例外，在我们与自己关系亲密的人（比如孩子、情人和配偶）相处的时候，就会有例外的情况。

当然，在理解埃利亚斯的观点的时候，我们就要小心掉进过分概括化的陷阱之中。我们必须抵制住普遍推理的诱惑，不能把人类历史发展的普遍规律作为个体心理发展模式的范本。虽然在 20 世纪初，这是心理学中普遍运用的一种推理方法，但是我们不能忽略它的误导作用。因此，我们不能把人类的发展历史作为分析个体发展的基础，而只能把它当做一个可以激发我们联想，可以有一定解释功能的隐喻（a provocative interpretive metaphor）。我们现在的目的是证明内心世界的起源和秘密的教育学含义都有其自身的逻辑和合理性。然而，我们如果不去作这种必然的联想，伊拉斯谟所提到的情形就能够给我们以启发，使我们更好地理解孩子们所要经历的一个过渡阶段，即从自由、公开表露自己情感的阶段过渡到掩盖、隐藏自己情感的阶段。

埃利亚斯还注意到，人们所掩藏的感情背后存在的差距更大。衣物历来被人们称做身体之外的身体（the body of the body），因为衣物可以反映出人们的心理状态和情绪。他认为："人们现在越来越关注自己以及他人的言行举止，这就标志着人们对行为问题的看法有了新的特点：和中世纪时期的人相比，现在的人们在更为刻意地塑造自己和他人

---

① 请参见 Elias（1939/1994），pp.69 - 70。

的形象（mold themselves and others）。"① 事实上，从某种意义上说，伊拉斯谟所提出的过渡时期并没有什么新意，因为它没有引导人们去思考礼节的问题。在中世纪时就有了一些类似的规矩，在餐桌上打饱嗝或者放屁都是不雅的行为，是不允许的。区别是，如果人们没有按照规则去做，也没有人强迫他去做。因此，埃利亚斯认为，中世纪早期的变化并不是规则的首次出现，而是那些业已存在的规则从那时起得到了更多的加强和实施。

这种分析或许会对秘密的形成和发展作出更好的解释。那种强加的情感压抑可能会使人们更加渴望得到快乐，使人们渴望拥有属于自己的内心世界。大人出于社会压力必须按照某种方式行事，现在孩子们也要承受这种压力，这就是历史给我们的启示。大人总是在"教"孩子，告诉他们哪些行为和情感是令人讨厌的、为人不齿的、难以得到认同的。然而，这些要求和禁令往往能在孩子的心中引起某种焦虑和渴望，使他们想私下里偷偷地去尝试和体验。

这样，孩子会对大人压制他们、不让他们去做的事情感到羞耻和尴尬。这种感觉又会影响孩子与他人的关系，尤其是与他们关系亲密的人："社会生活中，人们的欲望越是被剥夺（proscription），意识越是被压抑，成人和孩子的人格构成（personality structure）和行为之间的差异也肯定会越大。"② 我们所看到的结果就是：礼节和习俗的功能被割裂，孩子和父母被疏远，人们的情感被一堵看不见的墙隔离，社会规则和惩罚迫使人们去寻求属于自己的隐私和秘密。

从这个角度来看，心理分析模式确实很有吸引力。因为心理分析模式也是在假定孩子受压抑，害怕并逃避惩罚的基础上来解释孩子内心的秘密世界的。但是，我们并没有必要全盘接受心理分析模式所提出的观点，因为从不强调规则（早期）到强调规则（现代）的过渡阶段中，恐惧感并没有起什么重要的作用。规则本身会使我们改变对自己

---

① 请参见 Elias(1939/1994)，p.79。

② 同①，pp.141－143。

的看法。对某些规则稍微强调一下，我们就会发现自己的行为方式会发生变化，变得不同于自己的真实面貌。这也是公共空间和私人空间产生的可能情境。从教育学的角度来看，公众和私人之间分离的历史就是人们内心世界和秘密的形成的一种反映和隐喻（只是公众和私人之间分离的过程比埃利亚斯所提到的过程更为久远、更为深入）。

　　隐私和秘密是一种自然的文化现象，这个观点在何种程度上能够成立呢？为回答这个问题，我们必须作一些文化的和历史的比较。早期的和当前的各种文化中，有没有一种文化完全没有隐私和秘密的概念呢？我们很难回答这样的问题。我们很难对自然的倾向和非自然的（也就是文化的）倾向进行可靠的、合理的区分。但是，有一点是我们都会接受的，即任何社会规则产生之初，都会遭到人们的批评，因为这些规则会危及我们的自然倾向，然而最终的结果却是自然的倾向受到抑制，来适应这些社会规则。比如，婴儿会打饱嗝，如果有人提出社会规则不准婴儿打饱嗝，那他一定会遭到批评。但是，年龄稍大一点的孩子就不能当众打饱嗝了，至少在我们的西方文化中是这样。

　　弗洛伊德提出规则是对人们的欲望进行压制的产物，也许这并不是唯一的模式。埃利亚斯还留出了空间给别的理论。规则和礼节的产生的真正原因是对他人利益的关注（concern for the well-being of some other person）。或者也可以说，规则和礼节的作用是为有些人解除心理上和生理上的痛苦。事实上，伊拉斯谟也提到了一种敏锐的情感（sensitivity），今天我们姑且把它称做教育的机智（pedagogical tact）[1]。1530年，他专门为一个孩子写了一本关于礼节的书，他这样写道：

　　　　有礼貌（civilitas）的意思主要是指，即使你觉得自己正确，你也愿意宽恕他人的错误，即使你的朋友表现得不得体，你也不会瞧不起他。你看，有些人看起来有点粗鲁，但他们肯定也有一些好的品质，这些品质可以弥补他们的不足……如果你的某个朋友在不

---

[1]　请参见 van Manen（1991）。

> 知情的情况下触犯了某个规则……你就必须把他拉到一边，帮助
> 他，关爱他，体谅他：这就是礼貌。

伊拉斯谟提倡人们面对面地帮助他人改正错误，给他人以关怀和
体谅。埃利亚斯也举出了很多这样感人的例子。这些都表明，没有压
制的宽松环境同样可以使人们构筑自己的内心世界，不过这个世界中
的规则都是可以理解、可以想象的。把人拉到一边，给他以帮助和关爱
其实就是在创造一个只属于当事人的秘密空间和内心世界。

也许，这种教育机智对人们来说已经并不陌生。但是，我们一旦了
解了它与内心世界的产生的关系，我们就能理解它的革命性的意义。
和人分享秘密只是个体获得秘密的一个序曲（prologue）。如果某个孩
子做错了事情，老师想警告一下他，老师可能会（眨眨眼）说："我们
约定，说我什么也没有看见！"这样，通过故意忽略某个细节，老师不
仅维护了学校的规则，同时也没有伤害学生。对处在某个年龄阶段的
孩子来说，大人在公开场合对他们的冒犯和羞辱会使他们的内心受到
严重的伤害，也会使其内心世界的作用发生偏差。这并不是说他们将
不再拥有属于自己的内心世界，毫无疑问的是他们会把自我隐藏起
来。在我们所说的"健康的秘密"（healthy secrecy）和"鬼鬼祟祟"
（stealthiness）之间往往只有一步之遥。

内心世界和忏悔之路

如果我们认为从文艺复兴时期早期人们才开始构筑自己的内心世
界，那我们就是目光短浅了——尽管各种历史分析经常会给人们留下这
样的印象。如果我们可以把内心世界的起源看成是社会的外部压力变化
的一个函数（function），那么我们也可以说，埃利亚斯所关心的就是把内
部空间和外部空间、公共空间和私人空间作一个更为明显的区分。在这个
过程中，羞耻感起着重要的作用。埃利亚斯告诉我们，从这个时候起，人

们就会用一种更为现代的方式来组织和经营自己的情感。

与忏悔相关的一些文献资料表明，历史学家们所持有的关于内心世界只是在文艺复兴时期早期才出现的观点是没有根据的。施洗者约翰（John the Baptist）认为，要想和上帝之间建立起一种私人的关系，就必须忏悔；而且他说自己确实感受到了一个真正的内心世界。然而在欧洲，直到 18 世纪，对罪过的坦白和忏悔大多被认为是应该当众进行的。在行为的矫正和规范的执行中，公众的羞辱起着重要的作用。最早的记录忏悔的文本出现在公元 6 世纪。1215 年，拉特兰教堂（Lateran）的第四届议事会提出教民有忏悔的义务，这一规定强化了教会对广大教民的精神生活的控制。根据这一规定，所有的基督教徒每年至少要在神父面前忏悔一次，忏悔者个人单独面对神父。历史学家杜比（Duby）将这一规定说成是"一种压制的、审问的手段，其目的是揭露和发掘潜伏在人们内心的反抗意识和异教邪说"①。

有些教区甚至还规定教民至少应该每周忏悔一次。为了准备好忏悔，教民必须首先进行自我反省和检查，审视自己的良心和灵魂。

教会所采用的这种监督手段，也许给人们对秘密和隐私的看法造成了微妙的影响。从那以后，忏悔不再是一种公众行为，而是独立的、个人的祈祷行为。这种做法强化并改变了秘密的特性："即使是在群居的生活环境中，人们也不知不觉地拥有了属于自己的私人空间。从现在开始，隐私就意味着你虽然生活在很多人中间，但你可以拥有自己的房子，可以站在自己的窗户旁，可以拥有自己的财产，自己的钱包，可以犯自己的错误——这一切都会得到认可和原谅——同时还可以有自己的梦想，自己的灵感，自己的秘密。"② 由此看来，忏悔实际上是对那些发现了自己自由的秘密空间的人们的最后一种监控。然而，忏悔并没有阻碍人们构建自己秘密的内心世界，相反，它还给人们提供了更好的条件。

1551 年，特伦特会议（the Council of Trent）规定只有死罪（mortal

---

①　请参见 Duby & Braunstein（1988），p.532。
②　同①，p.533。

sins）才需要忏悔，同时，他们还将死罪的内涵进行扩展，认为心理上有动机，但是没有付诸行动的死罪也需要忏悔。教令对忏悔作出了以下规定：(1) 忏悔必须全面（忏悔者必须把自己所犯的一切罪过都说出来）；(2) 忏悔时必须大声，以便神父能够听见（因为上帝赋予了神父赦罪的权力）；(3) 忏悔时必须伴有超自然的悲痛（从广义上说，忏悔并不只是教令上的一种形式，而是在上帝面前坦白自己的信仰，承认自己的过错和邪恶，以求得上帝的宽恕和赦免）；(4) 忏悔时必须谦卑诚恳（为了获得拯救，不能遗漏或忽略自己的任何罪过）。① 很明显，这种做法也对人们的内心世界产生了深刻的影响。这也表明，人们已经完全承认，自己的内心世界里还有一个秘密的庇护所。

在世俗的、不信教的人看来，教会要求教民忏悔是想实现对教民的进一步控制。比如，在 9 世纪时，乔纳斯（Jonas）就抱怨说那些要求人们身穿"白袍"的宗教仪式其实只是在说明人们的赎罪意识已经不存在了，然而，人们的罪过却并没有消失。② 这种抱怨也揭示出了为什么几个世纪以来，普通人对忏悔所持的态度是无声抗议。这种抗议表明，人们不愿意轻易放弃自己刚刚获得的内心自由。这也并没有否认忏悔对于某些人的作用，因为忏悔确实是人们进行自我反省、自我检查的一种方式，对于那些做错了事情、觉得内疚的人来说，忏悔可以帮助解除他们心头的负担。然而，忏悔虽然使人们的内心感到平静，但是，它却使忏悔者和神父之间的关系变得模糊和复杂起来。

标志着人们对过去的忏悔机制的反抗的重要事件就是（欧洲 16 世纪的）宗教改革运动（Reformation），在这个运动中，作为机构的教会所享有的权力被转交给了个人，人们鼓励并期望这些人通过与上帝建立私人的、自主的（autonomous）联系来实现对自己灵魂的救赎。自主的联系就意味着神父不再是上帝派来关照人们的精神利益的中间人（intermediary）了，人们可以通过自己的内心世界靠近上帝——早在 4 世纪，圣奥古斯

---

① 请参见 Addis & Arnold（1960），p.207。
② 请参见 Huijser（1980），pp.153 - 154。

丁（St. Augustine）就已经谈到过这一点。换句话说，罗马天主教对忏悔机制所作的改革表明，文艺复兴时期所提出的人们对自己内心生活的自主权（the autonomy of the inner life）具有特别的含义。

严格说来，犯罪就是做冒犯上帝的事情，就是一种违反宗教和道德规则的行为。如果从宗教的角度来看，犯错误的人不仅给上帝带来了痛苦，也使自己和上帝之间的关系面临着危险。忏悔通常被人们看成是一种弥补的手段，而且人们认为宗教意义上的忏悔是神圣的，是一种制度化的机会，人们可以倾诉自己的秘密，而且不用担心秘密被人泄露出去。然而，正如我们所看到的，事实并不总是那样。在教会成立初期，忏悔是一种当众举行的活动。直到 18 世纪欧洲才开始采用"在神父面前忏悔"的制度。在这之前，那些违反所在社区（城镇或村庄）的道德准则犯下诸如邪神崇拜、嫖娼卖淫、不守贞节等罪行的人，往往都被逐出教会（be excommunicated）。只有经过了深刻的忏悔并且立志改过的人才有可能被社区重新接纳。有时候，人们会叫那些被教会驱逐的罪人从一个又窄又小的门中爬过去，否则的话，社区就不接纳他们。在早期，忏悔无一例外都是一种公众的事情。

然而，如果将自己所犯的罪行掩盖起来，遭到的就不只是公众的羞辱，而是可能被上帝所拒绝，因此人们认为还不如当众忏悔自己的罪行。不忏悔自己的罪行将毫无疑问受到神的惩罚。人们认为，神是无处不在的，他一直在注视着众生，难道还有他看不到的事情吗？难道还有什么事情可以瞒得过他吗？因此，当众忏悔是获得社区、邻里和亲人们的接纳的唯一途径。而且，这也是人们战胜邪恶和魔鬼的唯一途径，因为魔鬼同样也知道了人们所犯的错误、所做的恶行。

正因为这样，我们一点也不用为下面这件事情感到奇怪：在 4 世纪时，叙利亚的大主教（Syrian Bishop）亚弗拉哈特（Aphraates）曾经写道，犯了罪的人必须乐于去忍受那些羞辱和痛苦。只有这样，他们的罪孽才能得到救赎，他们才有可能摆脱罪恶，获得新生。[①] 在亚弗拉哈特

---

① 请参见 Huijser(1980)，p.134。

的作品中，人们第一次看到了秘密忏悔（confession of secrets in secret）的说法。他认为，秘密的忏悔会显得更为谨慎，因为过分的公开不仅暴露了犯罪人的罪行，也暴露出教会本身的不力，所以教会很容易就会成为敌人嘲笑和攻击的靶子。并且，犯有不守贞节、通奸等罪行的不忠女人和不诚实男人在向教会权威秘密忏悔自己的罪行时，还有可能逃脱世俗的惩罚，免于一死。相对而言，教会的惩罚通常会比社区的更为宽恕。

忏悔（坦白自己所犯的罪过）、对忏悔的抗拒以及对人们内心世界的揭示都是秘密教育学（pedagogy of secrecy）的重要主题，因为它们使我们明白了为什么父母会要求孩子把自己的秘密讲出来。① 事实上，罗马天主教中倾听人们忏悔的神父一方面象征的是上帝派来的中间人，另一方面又极像孩子的父亲。在当今的文化背景中，即使是不信教、恪守世俗的道德规则的父母也可能有探听孩子秘密的欲望，这也许和忏悔的历史不无关系吧。

---

① 请参见本书第 14 章。

第10章　秘密和后现代文化

体验秘密就是当着别人的面体验自我。

——作者题记

到目前为止，我们对秘密的讨论和阐述都是建立在对自我、成熟和成人期的现代性的理解之上的。我们没有试图去构建一个关于自我的抽象理论，而是详细具体地阐述了该如何看待内心世界的起源。我们发现，早在很多个世纪以前，有人就已经意识到了社会机智（social tact）和教育机智（pedagogical tactfulness）能够激励人们去学习社会规范，提高判断力和推理能力，同时也给人们内在的自我（inner self）的形成创造了空间。秘密在自我认同（identity）的形成中起着不可或缺的作用，因为自我认同与内在的自我的许多特点是密切相关的。自我结构特点毫无疑问要受到偶然经历、家庭环境、教育程度、个性特征等因素的影响，但是，自我结构特点也是人们不断对自己进行重新理解（self-interpretation）的结果。

在探讨秘密和自我在教育意义上的相互关系时，人们觉得秘密在青年人的成长和发展中大多都起着积极的、正面的作用，因为它有助于使年轻人成长为通情达理、心智健全的成人（well-balanced adults），当然也不排除有些方面的消极、负面作用。然而，现在，这种"理想化的"成年状态正经受着各种各样的威胁。如果用后现代的眼光来看，人们不免要怀疑那种"理想化的"成人究竟存不存在——会不会有这种人，他们不仅可以自由表达、畅所欲言，同时又可以在自己的内心保留一些秘密，只与自己认为合适可靠的人分享自己的秘密？后现代的个人有秘密吗？或者，换一种说法，后现代主义关于自我认同的观点能够包容现代主义关于秘密的理解吗？

后现代的自我

后现代文化中探索秘密的形成性意义（formative meaning of secrecy）的方法之一就是追溯认同与秘密之间的历史关系。它认为自我认同和文化是相互联系的，看起来这确实不无道理。它还认为，自我认同的变化是社会变化的函数（function）。但是这种相关性究竟体现在哪些方面呢？这确实是个很具挑战性的问题。因为文化和认同之间的关系很复杂、很微妙，所以人们只好试图间接地靠近和研究它，德国教育家莫伦豪尔（Mollenhauer）就是这样做的。然而，这一方法却为解释秘密和后现代主义的自我的定义（postmodernist sense of self）之间的关系提供了直接的路径。

莫伦豪尔对历史上不同时期的画家的自画像（self-portraits）进行了分析，以期找到自我认同发展的一些规律或线索。[1] 这些自画像确实为人们研究自我认同提供了独特的角度和路径。关键的一点就在于：画家的视线离开画板时，不仅会看着我们，即他的作品的观众，也会看着他自己。这样，自画像中所揭示的自我认同实际上就是画家和他内心的自我之间的关系。

这些画给我们展示的东西确实非常有意思。比如，从1500年起，阿尔布雷希特·丢勒（Albrecht Dürer）在自画像中就把自己塑造成身穿皮衣的基督耶稣（Christ）。在画中，丢勒的手势非常特别，好像要告诉人们他身上所穿的衣服是家境殷实的上流社会的人士才能穿得起的，但是他看着自己的那种眼神却十分耐人寻味。莫伦豪尔描述说，这

---

① 请参见 Mollenhauer（1983）。

种眼神有穿透力，充满好奇，但又略带怀疑。从这一点来看，丢勒的表情似乎与他的社会身份不太一致。换言之，丢勒并没有用一种"现代的"、能为我们所理解的方式认真地对待自己。

　　年轻的荷兰画家伦勃朗（Rembrandt）1629 年的自画像把自我和画像之间的距离表现得更为明显。他在画像中根本就没有隐藏自己任何的社会角色——也就是说，我们在画像中见到的就是真实的伦勃朗本人。在其他的许多作品中，伦勃朗确实赋予过自己别的角色，比如《圣经》中的人物（a biblical figure）。但是令人好奇的是，除了这个"社会角色系列"，伦勃朗还创作了一个"自我系列"。这位年仅 23 岁的画家1629 年的自画像中最能抓住我们的就是他那探寻的眼神（the questioning glance）。他的眼睛有一部分被遮蔽了，这表现了私人空间和公共空间的分离。从这幅自画像中，我们可以明显地看出，他的脸掩盖着秘密。为什么呢？因为伦勃朗看着我们的眼神好像是来自他内心最深处的那个庇护所。

阿尔布雷希特·丢勒穿着皮衣的自画像（1500）　　伦勃朗年轻时代的自画像（1629）

　　当我们把这些画和 1500 年以前的那些画进行比较时，就会发现外在的自我（an outer self）和内心的自我（an inner self）在心理上的重叠

（psychological doubling）是不存在的。在早期的画像中，画中的人物很自然，脸部几乎没有什么表情，一点也不做作（人们可以猜测他们的表情，或许是傲慢，或许是虔诚，或许是高尚，或许是怜惜和温情）。然而，后来的画家，比如文森特·梵高（Vincent van Gogh）和马克斯·贝克曼（Max Beckmann）的自画像留给人们的印象就截然不同了。在贝克曼 1899 年的自画像中，他的眼睛与他的脸好像彼此毫不相干。对画家的眼神的理解就全凭观众自己的眼睛去体会了。画中的自我和真正的自我好像是完全分离的。

文森特·梵高的自画像（1888）

马克斯·贝克曼的自画像（1899）

在这些画家的作品中，我们看到了用后现代的自我认同方式创作的画像，而后现代的自我认同方式通常是和一种精神分裂的个性特征（schizophrenic personality）联系在一起的。自我所具有的所有弱点（比如梵高画像中的疯狂）都一览无遗地表现在脸上。我们很自然地就有了这样的印象，即后现代的自我认同是用表面的、外显的特征（outwardness or superficiality）来展现自我的。

所以，在欣赏不同时期的画像时，我们好像"看到"了自我的内在特征（inner dimensions）的显露及消失。莫伦豪尔认为我们可以通过一

个前现代人 (a pre-modern individual) 的眼光来观察历史运动, 因为前现代的人会完全沉浸于自我的社会认同之中, 也可以通过一个现代人的眼光来观察历史运动, 因为现代人承认自我与社会认同之间的距离, 因而获得了某种自由和自主 (freedom and autonomy), 可惜的是, 后现代的人们又失去了这种自由。毋庸置疑, 人们对自我认同的历史决定论 (deterministic historical views) 的精确性和有效性一定会有各种各样的评论。而且我们也不应该忘记, 历史上的任何观点都是源于具体的历史问题和事件的, 提出观点的人也总是置身于一定的社会历史环境中的。从更高的层次上讲, 人们对过去的事情所进行的重构 (reconstruction) 其实也是一种建构 (construction)。

这些画像使我们得以生动、直观、清晰地体会到文化现实 (a cultural reality) 与自我之间的互动作用。我们姑且把自我分为内在的我 (主我) 和社会的我 (宾我)。当然, 文化现实和自我之间是存在着一定的距离和区别的。丢勒和伦勃朗的自画像使我们看到了一个隐藏的灵魂。和列奥纳多·达芬奇 (Leonardo Da Vince) 的名画《蒙娜丽莎》中的微笑不一样, 这些自画像让我们总是有一种好奇心, 想知道画中人物的内心究竟在想什么。中世纪时的画像大多都没有表现出自我的双重性, 因此我们也不会去猜测画中人物的内心秘密。当然, 画像中任何具有鲜明个性的人物都会给我们留下深刻的印象, 使我们对他们的生活和个性充满好奇。因为对我们来说, 画中的人物以及他们的生活都是秘密。在他们的脸上, 我们能够看到害羞而自嘲的笑容、神秘的微笑和沉思的神情。然而, 我们更为关注的却是这些笑容、微笑和神情中所包含的秘密。

复数的自我

在莫伦豪尔还没有尝试通过自画像的研究来揭示自我认同和文化之间的历史关系之前, 精神病学家扬·亨德里克·范登伯格 (Jan Hendrik van den Berg）就已经先于他几十年出版了一本用荷兰语写就的著作《复数形式的生活》（*Life in Plural Forms*），译成英文时书名变成《分离的存在与复杂的社会》（*Divided Existence and Complex Society*）①。他不是借助画像，而是借助照片来研究现代社会（主要是 20 世纪 50 年代）中个人存在的形态和模式。当然，通过照片我们能看到客观、真实的人类生活现实，照片再现了生活的现实。但是照片是不是真的能表现出我们的真实面貌呢？在范登伯格的研究中，自我认同究竟是一个怎样的概念呢？

在 1955 年的一期《生活》杂志的封面上，刊登着五位"年轻的百老汇明星"的照片，范登伯格从他们的脸上看到了人类存在的复数形式（多元性）。五位年轻的女明星从栏杆后面注视着我们。她们是怎么注视我们的呢？说实话，与其说她们在注视我们，还不如说她们是在看着她们自己："每一张脸上都有一双透过镜片注视着自己的眼睛，每个人好像都既在'此处'，也在'彼处'。"②范登伯格所指的"此处"就是摄影师为她们摄像的地方，也是我们看照片时所在的地方。"每个明星都在通过我们的眼睛看着自己，所以她们每个人都具有双重性（twofold）。也可以说她们具有多重性（manifold），因为'此处'是可以指代多个不同地方的。"③

其实，我们并不需要根据范登伯格所举的这个例子来理解他所要辨明的这种区别。翻开任何一本时尚杂志，或是阅读任何带有照片的文章，我们会发现上面的脸几乎都有复数意义，因为照片上的人不仅在看着我们，同时也在通过我们的眼睛看着他们自己。范登伯格是敏锐的观察者，也是出色的阐释者，观察并阐释着生活中的现象学，也阐释着 19 世纪上半叶的人们就已经开始使用的一种体验自我的新方法。我们的做法可以不像范登伯格那么富有煽动性。相反，我们必须采用更为审慎的态度，因为这种体验自我的方式只是相对意义上的新方式，而

---

① 请参见 van den Berg（1974）。
② 同①，p.237。
③ 同①。

不是绝对意义上的新方式，并且自我的这种复数意义已经变成了一种
更加普遍和泛化的文化体验。范登伯格认为这种自我体验模式是"分
离的"、"多重的"、"复数的"。当前的一些文献把这称为"后现代
的"（postmodern）生活。

失落的内心世界？

莫伦豪尔和范登伯格关于秘密和自我认同之间的相互关系的研究
工作的价值就在于使我们意识到，我们对自我的体验以及我们用来表
达自我体验的话语体系（discourses）都变得越来越复杂、越来越有意思
了。一方面，在当代社会中，人们对自我的体验更多的是通过自己和他
人的相互关系投射出来的，正如里斯曼（Riesman）在他的他人主导人
格（other-directed personalities）理论[1]中所提出的，现代人已经失去了内
心的那种强烈的自我意识的引导，失去了隐藏在自我深处的东西。也
就是说，失去了属于自己的个人秘密。

后现代的人们的生活是分离的，他们所体验到的自我是复数形式
的、多重的、碎裂的。既然内心的世界已经不复存在，自我认同的有效
性也受到质疑，那么秘密自然就没有存在的空间了。所以，这种碎裂的
自我只是生活在表层，因而缺乏稳定感（不管人们对自我认同进行怎样
的重新解释），后现代的自我也就失去了内心的世界，失去了保留自己
的秘密的能力。反之亦然。

后现代的自我认同（一个散落在别处的自我）寓示着内心世界的迷
失，因而使我们的未来充满悲观的色彩。有些评论家宣称教育学的末
日已经来临，现在似乎也不难理解了。如果教育工作者失去了自己的
责任感和方向感，学生失去了他们的自我认同，那么需要教育的自我也
就不存在了。人们也许会完全迷失自己的个性（individuality）。但是，

---

① 请参见 Riesman（1950）。

我们觉得这个日子并没有来临。人们力求了解自我，探索秘密在自我认同的形成过程中所起的重要作用，这些都足以证明，我们虽然处在后现代，但至少还保留了一点现代意识。

第 11 章　谎言与秘密

被告知一个秘密就像被赠予一份礼物。

——康德：《伦理学讲义》（*Lectures on Ethics*）

学 会 隐 藏

根据历史学家对社会生活的研究，我们可以说保守秘密的能力至少部分是后天形成的一种文化现象。这一点也能从孩子们讲述的关于秘密的个人体验中得到证实。

离爸爸的生日只有三天了。妈妈答应带我和两岁的弟弟去购物。我们打算买件礼物给爸爸。我们看了服装店、书店和体育用品商店。最后在一间音像店找到了一盘磁带。

坐在车里，妈妈叫弟弟不要告诉爸爸磁带的事，可弟弟似乎真的不明白为什么不应该告诉爸爸。回到家，爸爸问我们去了什么地方。"买东西去了，"弟弟说。然后，他的眼睛往别处看去。

妈妈和我简直不相信，他竟然没告诉爸爸，他甚至连一个字都没提！一个小时过去了，相安无事。但是接着我们吃晚饭了。"那么，这儿谁有我的生日礼物？"爸爸问道。我们看着弟弟，谁也没说话。他正忙着玩他盘中的食物。

"离我的生日只有三天了，你们知道！"爸爸说。（弟弟一声没吭。）"那么罗宾，你今天过得怎样？"爸爸和蔼地问道。

"很好，我们去购物，买了你的礼物。我不告诉你是什么礼物。"罗宾回答。（嗯，还不错，他没说。）

"不过我们是在一间音像店买的，"他补充道。

很小的孩子不理解秘密，稍大一点的孩子一开始还是很难保守秘密。当然，就是成年人可能都很难保守秘密。

回顾一下文化历史学家，比如德国社会历史学家诺伯特·埃利亚斯著作中对内心世界的现象描述（phenomenon of inwardness），我们会发现秘密有一个习得的过程。当孩子学习礼貌、处世、社交礼仪等常规时，他或她也学会了抑制某些情感。即使是学习诸如"捉迷藏"之类的游戏，亦有助于孩子们认识到怎样隐藏东西或把事情搁在心里不说出来。这种习得的过程，与皮亚杰式的（Piagetian）描绘——与年龄相应的秘密的形成和发展过程——形成了对照。

一方面，秘密似乎就像一门技术一样可以学会。另一方面，我们要明白秘密可能会悄悄溜进我们的生活。比如，当一个孩子发现他或她被误解了却不辩解时，或者当孩子无意当中撒了个小谎时——此时这个谎言已具备了秘密的特征。当这个孩子越来越意识到别人对他或她自己的看法时，他的内心世界就能更快地形成。而这种内心世界在某些情境下可能就是秘密的体验。秘密体验也可能发生在孩子打算与父母分享某种经历，却无意中并没有这样做的时候。于是现在这个没有公开的事情本身就像隐藏的什么东西一样存在在那儿。许多其他诸如此类的微妙的事情发生，可能表明秘密的现象并非只是像学骑自行车一样学到的或练就的，而是孩子逐渐意识到的。

我妈妈有很多规矩，其中一条是吃完摆在你面前的所有食物。我在西昆士兰长大，那地方天气很热，热得足以融化维他麦饼干上的维生素和黄油，使黄油和抹酱令人恶心地渗进饼干上的小孔。妈妈让我带着这样的食物去学校。我讨厌那变得软软的、潮潮的、黑黑的、黏黏的、乱乱的食物，从来都没吃过它们。相反，我把它们扔在水箱后面那间房屋的底下。那是我的秘密垃圾堆。每次放学回来进屋之前，我都会绕到一边把饼干扔到那个隐蔽处。如果我蹲下来向黑暗中瞥去，我都能隐约辨别出那堆逐渐变大的维他麦饼。我很害怕哪天妈妈或者爸爸会发现它们。我推开后门，走进厨房，把空午餐盒放在桌上。这时，母亲会骄傲地亲一亲我、抱一抱我，表扬我把食物都吃完了。带着痛苦而甜蜜的喜悦，我接受了表扬。我知道总有一天我会被发现，得找个更隐秘的地方。

我们已经提到秘密和撒谎似乎是紧密相连的现象。谎言可以变成秘密。反过来，秘密可能引发谎言。无论听起来多么古怪，撒谎具有习得的性质。孩子们必须学习才会撒谎。然而，我们生活在一种真实与坦诚都受到高度重视的文化之中。不讲真话或撒谎从道德上说是要受到批评的。同样，许多父母甚至一些心理学家都不同意人们互相保守秘密。当孩子们开始向父母隐藏什么时，当配偶或朋友互相隐瞒什么时，他们之间的关系就被认为是虚假的。不喜欢秘密的人认为人们应该完全相互开诚布公。所以，提到撒谎的话题似乎就进入了一个和秘密相同的领域。唯一的区别是我们从另一方面进入——从更明确的规范或道德方面进入。

有关撒谎用语

当我们谈到孩子们不讲真话时，我们通常使用诸如"撒谎"（lying）或"骗人"（cheating）等不同词汇。就很小的孩子而言，5 岁以下的孩子，我们不会说他撒谎，而是说他"编故事"（telling stories）。避免对幼儿使用撒谎等词汇不只是一种随意的社会习惯。我们感到把一个幼小的孩子称为骗子不合适而且怪异。为什么呢？好像撒谎的概念不只含有道德的意义，同时也指某种能力。

当我们说某人撒谎时，意思是说他或她没讲真话，有欺骗、伤害或损害他人的企图，或有占便宜的目的。我们日常生活的话语都假定很小的孩子没有这种故意欺骗的能力。

我们日常生活的话语中似乎隐含了一种较细微的发展性心理意识。这种意识认为孩子（5岁以下）无法清楚地辨别真与假，可能将幻想世界与现实世界混为一谈。换言之，很小的孩子不撒谎或骗人——但他们确实幻想和编故事，不过并非有意而为，他们没有利用虚拟的现实来达到误传真实情况的目的。

当幼儿"没能"讲真话时，当他们"编故事"或"幻想"时，我们不会从道德方面歧视或责备他们。对大多数人来说，惩罚不懂真假之分的孩子是难以想象的，应该受到批评。确实，不能责备他们把幻想与现实混在一起，因为生活在幻想和想象的世界里正是孩子的生存方式。换言之，我们甚至都不去想要不要惩罚孩子"撒谎"的行为。这种理念早已经体现在我们使用"编故事"、"幻想"这样的语言中了。我们的日常用语似乎早已将这种道德意识植入了那些照看孩子的成人的脑海中。这种理念早已暗含在对"撒谎"不同的用语当中了。

视孩子的秘密为谎言的道德观

在贝蒂·麦克唐纳（Betty MacDonald）的经典童书《皮戈-维戈夫人的魔术》（*Mrs. Piggle-Wiggle's Magic*）中，汉弥尔顿（Hamilton）夫人非常沮丧。"打小报告（Tattling）是个令人讨厌的毛病，"她抱怨道。她的女儿温迪（Wendy）明显有打小报告的毛病，而她的儿子蒂米（Timmy）也染上了。汉弥尔顿夫人对打小报告在她的孩子们生活中占多少比重并不感兴趣。她只对得到皮戈-维戈夫人提供的魔术药丸来治愈孩子们的毛病感兴趣。睡觉前使用后，第二天证明治疗完全有效。当温迪和蒂米开始打小报告的时候，从他们嘴里冒出来的不是话语而是黑烟。阵阵喷出的黑烟盘旋在他们的头顶变成小黑尾巴，他们不停止打小报告，烟雾就不会消失。打那以后，"每次他们准备打小报告时，都会把话咽回去并疚愧地看着天花板"。

这个儿童故事很好地描述了通过把话咽回去，把想法搁在心里，而不去出卖别人、不泄露事情的社会效果。并非所有的小报告都是秘密，但通常它们与秘密紧密相关。

"妈咪！吉米说……"

"老师，简和玛丽做了……"

小点的孩子讲的事情明显是不想让所提到的人知道的。打小报告是小点的孩子告诉父母或老师别人做错了什么事的方式。早期的小报告常常与感到不好的秘密有关。通过这种方式孩子可能显示他或她知道对与错，值得特别肯定他或她没有做错事。大点的孩子打小报告可能是刻意想让某人有麻烦。但通常成人与伙伴们对小报告作出的反应使孩子们很快学会不再打小报告，因为那样可能会有被伙伴们拒绝或排斥的危险。父母总是给孩子们一个印象：应该什么事情都跟父母讲（而不是小报告）。孩子们慢慢地发现他们得学会保守秘密。当然，如果不允许你打小报告，那你就必须转入地下，转入内心世界秘密之所。

只有当孩子们长到 7 岁左右，相对成熟一些时，我们才使用"撒谎"之类的语言来描述他们的某些行为。尽管每个人的情况各异，发展心理学有时很明确地划分出年龄界线。然而，关键在于似乎存在这样一些年龄段，孩子在各年龄段之间出现明显的区别，从现在的阶段转向一个更有能力的阶段。发展心理学的实证文献认为从 7 岁开始，孩子们似乎已能真正有目的地撒谎了。而日常用语中似乎也认识到并认可了这种观念。这也就是为什么大点的孩子常常受到警告"别撒谎"或明确禁止讲谎话的原因。

通过发展心理学的理论来说明我们对故意讲假话的孩子处理得很恰当，这好像有些令人信服。但父母和老师对孩子"撒谎"行为的敏感性首先来自某种直觉的道德意识，即谎言植根于日常生活的语言中。而这些日常生活语言暗示我们不应该赞成撒谎行为。当我们使用"撒谎"这个术语时，当我们说"你在撒谎！"时，意味着我们也在说，"撒谎是不对的！"那是我们对待成年人的方式。从这点上说，当我们指责孩子撒谎时，已经在把孩子当做一个应该负责任的成人来看待了。

但现在还有一个更有趣的问题。既然我们都同意，5 岁以下的孩子能编"故事"或运用他们的想象力，大约 7 岁之后，孩子们便会真正地撒谎了，那么在 5 岁与 7 岁之间是什么样的情形呢？我们如何来表述从编故事到撒谎的过渡阶段呢？我们日常生活中的普通话语可以再一次为我们提供线索。倘若 5 岁到 7 岁之间的孩子不讲实话时，我们既不使用"编故事"也不使用"撒谎"这样的语言。相反，我们用动词"胡说"（to fib）。这个词似乎说明 5 岁到 7 岁这个年龄段不只是一个转折阶段，还具有幻想、想象逐渐变为真正的谎言的特征。而且"胡说"这个术语表明孩子真正地处于不同的年龄阶段了，需要专门的词汇来描绘。

胡说的孩子知道真与假的区别，但却不懂得从谎言的后果来看问题。从这个意义上说，大人确实可以提醒孩子，让他们知道说真话的价值，但不要过分强调。有时，父母或老师可能觉得孩子一定是在讲假话或对真实情况添枝加叶，于是对孩子说，"你在瞎讲，对不对？"孩子会严肃地点点头，"是的，我乱讲的。"是的，孩子很清楚自己讲了假话，但却随意地、诚实地承认了这一点，因为孩子撒谎时并没有什么特别的动机，因而能毫无戒备地坦承自己没讲真话。换言之，孩子在此时还是不具备真正撒谎的道德（或非道德）的动机。

这种对真话和假话道德意义方面的无知，使得我们对这一年龄阶段的孩子所提供的说明与报告很敏感。比如，父母离开房间几分钟后再进入房间时间孩子："有人给我打电话吗？"可孩子正忙于玩耍，叫道"没有"，而其实孩子该说"有"。于是父母可能错过了一个很紧急的电话。这个例子清楚地表明从某种意义上，我们不能"信任"或指望这一年龄阶段的孩子。

撒谎的技巧

在我大约 6 岁的时候, 爸爸和我去给妈妈买生日礼物。开车回来的路上, 爸爸对我说, 不要告诉任何人我们干什么去了。"为什么?"我问道, 不明白爸爸为什么要这样做。"因为要是保密的话, 妈妈过生日时, 我们就可以给她一个惊喜。"他回答我。

当车开到家门口附近时, 爸爸又一次转过头, 有点严厉地对我说:"记住, 一个字也别说, 我们不想让妈妈知道这个秘密。"我俩之间像发生过什么事似的。我感到怪怪的, 不敢看爸爸的眼睛, 就好像我做错了什么事一样。

"我们回来了,"我漫不经心地喊道。于是妈妈问我们干什么去了。爸爸平静地回答说我们去买生日礼物。"爸!"我脱口而出。妈妈看着我, 我不知道说什么好, 于是转向爸爸求救。"我们去买生日礼物,"爸爸重复说, 边说边朝炉子上的锅里瞥去,"不过没看到什么有趣的东西。"我转过身去, 赶紧走出去。爸爸刚才撒了个谎!

晚饭时我静静地用餐, 等着我和爸爸被揭穿。我只能低头看着自己的盘子。爸爸妈妈的声音听起来好遥远好含糊, 就像我是在浴缸里头闷在水里听他们讲话一样。那天晚上我躺在床上想: 什么也没发生, 爸爸和我仍然拥有我们共同的秘密。我感觉不错, 几乎有点沾沾自喜。差不多有点吧。

保守秘密是一回事, 但是把秘密变成谎言却是另一回事了, 哪怕只是个无关紧要的谎言。不过, 秘密和谎言之间的界线有时很难划定。是不是简单地掩盖事实比讲假话好得多? 秘密和谎言之间的区别是什么? 可以用谎言来保守秘密吗? 那要看用谎言保守的是什么秘密了。

所以, 为了让孩子理解撒谎的全部含义, 我们认为仅让孩子知道真话与假话的区别是不够的。在孩子能完全为撒谎的行为负责之前还有很多需要学习的东西。其中包括：必须了解撒谎会带来什么后果；在我们的文化和社会圈子里，真话和假话被赋予了什么样的价值观；在什么情况下、什么程度上撒谎是应受到谴责的。

在一定年龄段之前，孩子们是不会撒谎的。他们甚至都不知道什么是谎言。我们可能会说"孩子们的戏言"或者"小谎"，以此表明我们对幼儿没能讲真话并不怎么重视。确实，这种对孩子眼里真与假的真实性的认识不只是 20 世纪才有的。贝彻·沃尔夫（Betje Wolff）在她1779 年题为《育儿反思》（*Reflections on Childrearing*）的课本中就有这样的描述：幼儿不知道如何去假装或欺骗别人。幼儿仍然是可信的、透明的。大多数父母可能都同意：孩子很小的时候，父母能从孩子的脸上看出他们是否讲了真话。沃尔夫用她 18 世纪的语言说："他（孩子）的心灵总是在他的眼里体现；牵动他的一切都反映在他生动的表情上。他又怎么会装假呢？装假毕竟是一种掩饰、一种掩盖。孩子怎么知道自己有需要隐藏的东西呢？"[1]

从沃尔夫的描述中，我们了解到，很久以前人们就已经认识到孩子不具有理解谎言的能力。"孩子从不撒谎，除非是在害怕受惩罚的情况下。只要孩子没有意识到撒谎是不好的，他就不会真正地胡来。装假和撒谎并不是孩子们与生俱来的缺点。"[2]

沃尔夫所作的反思是针对父母和其他幼教工作者提出的教育性建议。她说对孩子貌似撒谎却并非真正的欺骗行为加以惩罚是不恰当的。既然欺骗也只是掩盖的一种形式，孩子怎么会知道那是骗人呢？当某事可以隐藏或保守秘密的意识还未形成时，孩子又如何懂得有些事情需要掩盖起来呢？

一旦孩子开始了解讲真话与撒谎的区别，就可能掉入习惯性撒谎的陷阱或者过于强调要讲真话。如果是前者，就会让成年人感到棘

---

① 请参见 Wolff（1779/1977），p.56。

② 同①。

手,尤其是当父母误解了孩子撒谎的意图时。如果是后者的话,对孩子而言又是很麻烦的,因为孩子终于学会了分辨真与假,可是又被告知过于强调讲真话是爱打小报告,而打小报告也是不受人欢迎的。

有时打小报告比撒谎更令人讨厌。撒谎在一定情况下还可以得到原谅,可打小报告则怎么也不会被原谅。请看在乔伊斯(Joyce)的《青年艺术家的画像》(*Portrait of the Artist as a Young Man*)中,打小报告是如何受到谴责的。那天迪达勒斯(Dedalus)被韦尔斯(Wells)推进了一条水沟里。现在他病倒在床上,弗莱明(Fleming)和韦尔斯也在房间里。

> 他起身坐到床边,感到很虚弱。他想把袜子穿上,却感到袜子不舒服,令人讨厌。阳光古怪而冰冷。
>
> 弗莱明问:"你不舒服啊?"
>
> 他不知道。
>
> 弗莱明说:"回到床上去吧。我会告诉麦克格莱德(McGlade)你病了。"
>
> "他病了。"
>
> "谁?"
>
> "告诉麦克格莱德。"
>
> "回到床上去吧。"
>
> "他病了?"
>
> 迪达勒斯被人搀着胳膊,甩掉挂在一只脚上的袜子,爬回热烘烘的被窝里。
>
> 他弓着身子躺在被窝里,享受着其中暖融融的感觉。他听到同伴们边穿衣服边谈论着他。他们说,把他顶到水沟里的人也太卑鄙了。
>
> 然后就听不到他们的声音了。他们走了。这时他的床边有个声音说:
>
> "迪达勒斯,别出卖我们,你肯定不会吧?"
>
> 韦尔斯的脸出现了。他看着这张脸,看到韦尔斯害怕了。

"我不是故意的。你一定不会告发我吧?"

他的父亲曾告诉他,无论如何也不要告发别人。他摇了摇头,回答说不会的,心里感到高兴。

韦尔斯说:"我不是故意的,绝不骗你。只是为了鳕鱼的缘故。对不起。"

那张脸和声音都远去了。说对不起是因为他害怕了。他害怕迪达勒斯得了什么病。①

在孩子们学会保守秘密和(不)撒谎的发展过程中,成年人希望孩子们不只是学会秘密的意义,如何区分真与假,同时也成熟起来,了解成人文化中所有的亚文化及其细微差别等。无论如何,孩子们都得明白,要形成个性和诚实的性格是很复杂的事情。尽管我们希望一个五六岁的孩子能够认识到不能随心所欲地说出自己的想法,可是当更小一点的孩子对哪位胖女士或瘸腿的男士说出不敬的话时,却真的是无法去纠正他或她。在这种情况下,家长通常能做的就是赶快让孩子闭上嘴或转移他或她的注意力。

背 后 议 论

大多数成年人不喜欢打小报告,因为打小报告带有背叛的因素。他们以背后议论的方式取而代之。背后议论在某种程度上也含有背叛的因素。背后议论者与一个孩子编"故事"或"情节"的情形是一样的。 然而,从道德角度来理解,背后议论者应受的谴责是,成年人在议论之前明知道那些事情都不过是谣言,很可能是假的,却津津乐道。背后议论就像孩子们议论校外发生的一些恶心的、令人不舒服的事情。可能就是因为这样,人们不赞成成年人说长道短和使用诬蔑性的

---

① 请参见 Joyce (1916/1982),p.21。

语言。

　　人们为什么对说长道短这么感兴趣？也许是因为这就像交换某些秘密一样。理所当然，大多数人都对秘密着迷。因为秘密有一种吸引力，能吸引人们的注意力。难怪秘密这个词出现在那么多的书名和杂志文章的标题中。背后议论者可能不承认他们在议论别人，他们宁可说自己在处理一些私人的事情——那不过是议论别人秘密的一种委婉说法而已。说长道短者的另一个动机在于它起到的心理平衡的作用。当我们议论名望很高、受人尊重的人不光彩的品质或有争议的行为时，我们可能感到他们更像普通人。所以，说长道短的作用可能就在于贬低、羞辱他人和从鸡蛋里挑骨头——没事找事。

　　背后议论具有一定的特征。背后议论的人一般都会耳语、身子前倾，好像是为了创造分享秘密所需要的亲密感。而听者可能以同样的方式回应：身子前倾，难以置信地摇摇头，喃喃自语一些不体面的话，等等。背后议论的潜在语气通常都是问题型的："你能相信吗……"如果背后议论有什么正面作用的话，那就是它通常在人与人之间创造、保持了一种交际的效果。而且，背后议论在某个圈子里创造了一种道德的气氛。在这个圈子里，人们可以对某些事情发牢骚，批评某些理念和信仰，反对某些行为方式。

　　背后议论的一个想当然的特征是，它声称讲真话，暴露掩盖的事实，净化腐败和败坏的东西。背后议论讲的或者展示的是某人"真的像"什么。当然，有时候，背后议论中也有一些真实的东西。所以背后议论与真话就像是朋友。有些人对真话感到困惑。背后议论的方式是秘密地交换真话（秘密）。于是，就创造出了圈外者——背后议论的牺牲品，以及圈内者——听到这一真话（通常是假话）者。

　　有人对真话的困惑似乎使其对背后议论作出相反的反应。我们在日常生活中碰到一些人，就像孩子们一样，忍不住在完全不适宜的时机和情况下质疑这些真话。我们称这种人为"长不大的人"(enfant terrible)，因为他们展示的品质或行为是我们在儿童中发现有问题的，更不用说在成年人中了。"长不大的人"指的是无法展示成熟个性的成年人。然而，有时候我们愉快地欣赏这些长不大的人轻率发表的高见，无论他或她是孩子还是成年人。有时候我们需要孩子指出必须暴露的东西。就像"皇帝的新衣"的情形一样，一旦孩子"说出来"了，公众的秘密就不存在了。

日常生活中的"真话"不具有在科学领域中所包含的结构清晰的意义。日常生活中有无法开口的、无关的、不适合的或不恰当的真话。因而，需要放弃或忽略这些真话。同样，无关紧要的谎言和可以原谅的谎言比真话更受人欢迎。在道德理论中，无意义的真话和善意的谎言构成了真实原则的例外。这两种情况中，没有讲"真话"是为了保护某人。相应的，父母通常教导孩子们考虑别人的感情。因此，孩子们学会去区分撒谎或隐藏自己真实感情或信仰的不同动机。

如果一个成年人使用过多的幻想来描述日常事物，我们通常认为此人不受人欢迎或是个假艺术家。相应地，对成年人我们只能以嘲讽的方式使用"胡说"（fibbing）这个术语。换言之，"编故事"（不真实的）和胡说不属于成年人的世界。相反，孩子有时候可以在完全天真无知的情况下泄露成年人愚蠢的秘密——无论那是与没穿衣服的皇帝有关，还是与原本应掩盖的令人尴尬的事实有关。

第12章　充满秘密的儿童时代

没有人能像孩子那样好地保守秘密。

——维克多·雨果：《悲惨世界》

毫无疑问，秘密是人类共同的体验，是童年经历的一个显著特征。令人有些吃惊的是，秘密的性质和意义仍然很少有人研究。秘密对我们而言真的还是个秘密！一方面，我们想问：孩子们经历的秘密有何意义？秘密在孩子的成长与教育发展中又有何意义？另一方面，孩子本身对我们而言也是个秘密。成年人有可能了解孩子的内心世界吗？这孩子究竟是谁？是什么使得孩子成为孩子？什么与孩子相伴？如果我们不能欣赏孩子本人作为一个秘密的存在，我们能否有希望理解孩子的秘密体验？这些问题有时候很难解决。但它们促使我们反思我们理解的敏锐性和敏感性，以便更好地理解儿童时代秘密的意义以及儿童时代本身作为秘密的意义。

八九岁的时候，我无意中在父亲汽车的后座箱里发现了我的圣诞礼物。一开始，我很激动。是溜冰鞋！我以前的溜冰鞋都是二手货。这是新溜冰鞋啊！穿上它们滑冰会是什么感觉呢？怎么能熬到圣诞节的到来？我当时那么激动，等待对我而言好像是不可能的。我想冲进房子里去宣布我的发现，然后，我自然就可以马上使用它们了。

可是如果父母亲对我的发现不像我这样高兴怎么办？要是他

们感到失望或不同意怎么办？我得作出决定：到底是讲出来还是不讲出来。

我感到担心又很矛盾。我怎样才能把这个秘密保守到圣诞节？讲出来要容易得多，这就不需要我把内心的激动这个负担扛到圣诞节了。确实，要是我不讲出来，圣诞节以前我就得表现得像以往一样——焦虑地想知道自己是否能得到想要的礼物（即使通常我都如愿以偿了）。到圣诞节的早上，当我并不惊奇时怎样才能表现出惊喜的样子？

那么怎样才能卸下这个秘密的负担呢？如果我告诉兄弟姐妹的话，他们可能会告诉爸爸妈妈。如果父母亲知道我的秘密了，他们可能会生气。这就会毁了他们希望令我惊喜的愉快感觉。他们甚至可能会决定给我别的东西。保守这个秘密很难，可要是讲出来，又可能意味着失去溜冰鞋。我不想冒那个险。

我决定不讲出来。圣诞节前的那五个星期就好像永恒那样漫长。"别想溜冰鞋了。"我一次又一次地告诫自己。我害怕即使想一想它们都会暴露我的秘密。可是不管我怎样努力，我都无法忘记溜冰鞋。我感到沮丧而失望。我失去了往日希望得到想要的礼物时产生的那份期盼与激动。

当圣诞节的早晨终于来临时，我打开礼物，假装惊喜地发现了那双新溜冰鞋。(许多年以后，我对父母坦承了这个秘密，结果发现父母早就知道了。当时父亲意识到我在他的车后座箱里帮他拿东西时会打开礼品盒。想叫我回房里时已经太晚了，他观察到了我的反应。)

儿童时代的秘密

真的有可能了解孩子们怎样体验秘密与隐私吗？究竟有没有可能了解孩子们怎样体验一件事呢？或者，孩子的天性和对世界的体验同大人相比大相径庭，因而在孩子与成人之间是不是存在着一个根本不可逾越的鸿沟呢？

儿童时代，即作为一个孩子的状态或条件，是个与秘密的概念紧密相连的时代。什么是孩子？自古以来总有人因为年幼，个头小，力气有限，生活经验不足，知识和技能不成熟，因为他们总的来说很脆弱而受到特别的支持和保护。这是人类学上关于儿童时代的事实。然而人们长期以来一直在争论，进入现代社会之前，孩子是否没有被"看做"孩子，也没有被当做孩子，在某个主要方面与他们周围的成年人没有区别。孩子们应被当做和成年人一样的人来看待，只不过他们年纪轻一些、个子小一些，除此之外没有其他分别。这种分别只是程度上的（个子啊、年龄啊）差异而已，不足以使孩子们成为另一类型的人。孩子们只不过是个头小一点、年纪轻一点的人。

在范登伯格、阿瑞斯（Ariès）和德莫斯（de Mause）以及他们的追随者①看来，儿童时代作为社会类别和与教育相关的概念是现代西方社会的发明创造。虽然儿童时代作为人类生理（anthrobiological）方面的事实，对不同时代和文化背景的所有儿童来说都是适用而真实的，但是儿童时代作为社会文化（sociocultural）的现象只有大约四百年的历史。儿童的社会文化概念大概是在欧洲中世纪没落时出现的。正是在那个时候，儿童时代的概念获得了特别的意义，即使这些意义因等级和社会阶层而异。当然，儿童时代的生理事实（描述自然的成长过程）与社会事实（描述孩子们的社会化）之间的区别也是人为的。孩子身体和心灵的自然成长，不能与其社会心理成长及其各种观念、所扮演的角色和行为习惯的社会化相分离。

特别是随着学校的不断发展以及家庭单位变得愈来愈小，人们开始认识到孩子们主要依赖父母开发他们的道德、情感和社会能力，依赖教师获得正规的教育和训练。把孩子看做脆弱、不成熟、有依赖性的人（这和成年人也会有的脆弱、不成熟和依赖性在某种意义上完全不同）

---

①　请参见 van den Berg（1975），Ariès（1962），de Mause（1976）。

引出了几种价值观。首先，把孩子看做脆弱者表明孩子需要保护，特别的关爱和照顾，以及一种有利于向成年人过渡的安全感。其次，把孩子看做尚未完全成熟的人（不同于把孩子看做不完全的、有缺陷的人）表明孩子必须受教育才能形成他们自身的独立个性。第三，把孩子看做有依赖性的人促使成年人以一种负责的态度去对待孩子的需要。秘密这个概念的产生正是与儿童的脆弱性、不成熟性和依赖性的观点相联系的。

在我们西方的文化背景中，父母和其他教育者常常需要能够主动地区分，对某一具体年龄阶段和某一具体情况的孩子们而言什么是好的、什么是不好的。为了让不同年龄阶段的孩子们得到适合的体验，成年人必须决定隐藏某些东西或使某些东西远离孩子们。因此，我们有了这样的儿童时代的定义标准，就是尚未接触和知晓成人生活的文化秘密。比如，成熟的两性知识，性行为，参与成人娱乐（例如，喝酒、赌博），参与成人机构和工作场所（例如军事、政府、教育），以及使用各种形式的通信和交通工具等。

童年秘密对成人文化所起的作用

更具体地说，从教育的观点来看，儿童时代的标准与孩子相对有限的阅读能力、阅读范围有关。[①] 通过筛选、组织、编排家庭和学校的课程，父母和专职教育者有选择地使年轻人远离成人的秘密。课程开发与设计就可以看做是培养、教育的过程，逐渐地传授给孩子们成人在认知、情感、道德生活方面的适合孩子们健康成长的知识。

然而，成年人对主流文化秘密的控制在现代社会中正在发生着变化。现代社会对电视、广播节目的文化审查不断地放宽，其他一些媒介如音像和计算机网络等也无所顾忌地进行爆炸性的知识传播。这在很

---

① 尼尔·波兹曼（Neil Postman）是这种观点的主要倡导者。请参见 Postman（1982）。

大程度上削弱了课本媒介在保护孩子免遭不良信息的伤害和避免过早地间接体验方面的效力。接触到音像媒介和诸如互联网之类的交际渠道不需要特别的文化技能。事实上，很难让孩子甚至成人自身不受到文化资源的不分对象的狂轰滥炸。现代媒介的内容无所不包：无端的暴力、人类的恐怖、成熟的性行为、社会灾难、环境灾难、即将到来的末日形象、纪实性恐怖，等等。电视成为展示所有这一切的中介，难以向那些年幼的、没经验的、脆弱的、有依赖性的孩子们保守什么秘密。

波兹曼在他的《童年的消逝》（*The Disappearance of Childhood*）一书中说，没有秘密就不成其为儿童时代。某种程度上，儿童时代的特征是根据阅读印刷作品的能力方面内在的成熟度来定义的。波兹曼得出结论说，随着阅读的认知发展的重要性让位于非印刷媒介的影响，儿童时代终将消失。但是把儿童时代的观念与印刷作品相连未免过于褊狭。尽管成年人可能在一定程度上无法控制孩子接触成人文化，那并不意味着孩子们本身不再有童年秘密，也不意味着孩子们以及童年时代的现象不再对成年人理解孩子们构成挑战。① 对于一个觉得对孩子们的身心健康负有教育责任的成年人来说，孩子们及他们对秘密的体验仍然是"秘密"。当然，这并不意味着应该去刺探孩子的具体秘密。但这确实意味着，成年人可能会更敏感地去意识到儿童的秘密在他们与孩子们的生活中，在孩子的整个成长过程当中有什么样的重大意义。

_____

① 虽然我们谈到孩子时比较泛泛，从更全球化的角度来看，孩子们在非常不同的情境中经历了儿童时代。不存在抽象的儿童。年轻人在城区和城郊度过的童年时代与在农村地区经历的儿童时代是截然不同的。而且，在遭受战争的国家里，童年时代是可怕的；在世界上干旱地区和贫困地区度过的童年时代是痛苦的；而在被迫沦为雏妓、做苦力和遭受其他形式的儿童剥削的经历中度过的童年时代是绝望的。成千上万的儿童没能享受西方社会中产阶级的孩子所经历的儿童时代。但是，尽管如此多的儿童被剥夺了联合国《儿童权利宣言》所规定的权利，人们还是把这些"儿童"称做孩子。甚至那些否认儿童这个概念的有效性的作家们还在继续使用儿童这个词，这就意味着人们在不断地赋予儿童这个概念一定的意义，使他们与成年人区分开来。

第 13 章　愧疚、羞耻和尴尬

当你很想说出来却又不得不隐瞒时，你的处境真的很令人同情。

——叙利亚作家西拉丁（Publius Syrus）

秘密在别人面前暴露

当你的这个或那个秘密被公开时，或者当某个隐私行为被当场发现时，你会感到情绪激动，这并不奇怪。秘密暴露之后或者隐私被冒犯之后，随之而来的可能是一种遭到背叛，感到愤怒或失望的感觉。也可以说是对秘密被发现后可能产生的后果感到害怕或焦虑。当某人发现我的秘密时，我就被暴露了，我甚至可能感到自己的一部分在以这种方式丧失。

我年轻时曾经从一种裸体杂志上剪集了一些图片。事后想起来，那些图片一点也不淫秽，但不管怎样展示的都是裸体的人，一丝不挂。我小心翼翼地把那些图片保存在父母找不着的地方。我常常为拥有那些东西而感到愧疚，生怕被发现了，内心很痛苦。愧疚感和焦虑感终于使我把那些图片撕了个粉碎，扔得干干净净。我猜想自己真正害怕的是万一被发现后带来的羞耻感。

在暴露秘密方面，我们在内心世界与外在生活之间划分的界线清晰可见。从某种意义上说，这种界线带来的是内在与外在自我的分离。　拥有秘密的人可能心口不一。因此，秘密可以被定义为人内心生活与外在行为不一致的条件。只要内心有秘密，秘密的拥有者就会感到有负担，表现得小心翼翼或感到恐惧，害怕秘密被揭穿。确实，个人隐私的历史常常也是各种恐惧心理的历史。[①] 当一个秘密被发现时，所产生的效果与被人看到自己裸露的身体时很相似。秘密的暴露就像自我中特别亲密而脆弱的方面被发现时一样。[②] 被人发现秘密或被人看到在大庭广众下裸露身体都使人产生羞耻、困窘和愧疚感。

亏欠心理的暴露：愧疚

愧疚这个术语描述了我们与所属的人，或者更精确地说，与我们的生命或灵魂所属的人之间的密切关系。尤其是我们的父母，我们可能总是深深地感到欠他们很多。即使我们与他们的关系不一定特别好，情形也会一样。首先，他们给予我们关爱，虽然不一定是最好的关爱；我们经常感到对这种关爱欠的"情"很多，同时又受这种关爱特有的安全感"牵制"或包容。其次，我们的父母似乎拥有我们，这种所有权又令我们感到负债。因此，对父母的负疚感在内心里很容易感受到就不奇怪了。是的，"负疚"这个术语的词源包括负债的意思。感到愧疚就是感到负债了，精确地说是"要被罚款了"[③]。所以，承认负疚就是承认欠债，欠了什么东西。

避免负疚的一种方式就是避免有产生负疚感的秘密。有时候，错误的、负疚的心理，或者一件后悔的事情，可以通过诚实的吐露而得到弥补、治愈或纠正。可以通过承认事实，重新做人来解除自己的愧疚感。但是，秘密并不总是像某些令人尴尬的图片或显示有罪的信件一样容易地被抛弃或毁掉。物质的东西可能不存在了，石板可能被擦干

---

① 请参见，比如说，Vincent（1991）。
② 请参见 Meares（1977），p.14。
③ 请参见 Klein（1971），p.326。

净了，可是过去发生过的一切仍然让人记忆犹新。宽恕（或被宽恕）并不总是等于忘记。

我从学校回来，发现家里很安静。一开始，我以为妈妈一定在邻居家，因为门没上锁。可是当我走过卫生间时，我透过门缝看到妈妈在浴缸里洗澡。我还不习惯父母或姐姐在我面前不穿衣服，所以我看到她完全裸露的身体时很震惊。她站在浴缸里，背对着我，用肥皂擦着乳房和两腿。我没有走开，继续看着她。我对她高大、柔软、雪白的身体感到着迷——太漂亮了。她一直都没有发现我，因为洗手间里很明亮，而过道里很暗。她可能以为门是关着的。我太全神贯注于妈妈裸露的身体，以至于姐姐来到我身后都没听见。她马上就明白是怎么回事了，什么也没说就把门在我的脸前紧紧地关上了。

紧接着的几天里，妈妈裸露的样子总是在我的脑海里浮现。不是说像我看到某个邻居家的女孩裸体时那样感到冲动或刺激，但我确实感到自己做错了什么，不该偷看妈妈的隐私。我有真正的新发现，但同时感到内疚，觉得有点对不起妈妈。要是她知道了会怎么想我？姐姐当场捉住了我令我感到极其心虚。很长一段时间，她好像忘记了这件事情，直到有一天在晚饭桌上——一定是我惹了她——因为姐姐说，"你最好安静点，淘气鬼，竟敢偷看妈妈洗澡!"

妈妈皱了皱眉头，但她什么也没说。爸爸的脸上似乎闪过一丝强忍的微笑，然后他咳嗽一下，说："噢，她很好看，对吧。你有这样好的妈妈，真幸运。""乔治。"妈妈回应道，听起来不是那么不高兴的样子。

我敢肯定我的脸像盘子里的甜菜一样红。而且，奇怪地，我感到轻松了许多，因为我的小秘密已经不存在了。

违背道德的某种秘密暴露后，通常会带来摆脱愧疚后的清新感觉。

错误的公开：羞耻

秘密及秘密被暴露后会如何引起羞耻与尴尬呢？有时引起羞耻感的是公开的秘密。公开的秘密是指人人都知道但假装不知道的事情。所以你就不得不忍受这一公开秘密的公众效应。当一个被认为是变态的、可耻的、病态的或从道德上有悖常理的秘密为公众所了解时，常常会出现羞耻感。但人往往只会为自己认为是错误的道德逾越或过错而感到羞耻。有人可能会嚷嚷："真为你使用那样的语言而感到羞耻！"可是如果我们并不觉得我们使用的语言有什么不合适的或有什么值得责备的，我们就没有必要感到羞耻。换言之，只有当别人说你错而你自己也认为错时，才会有羞耻感。当然，暴露秘密引起的羞耻感范围可能很广，不一定每个人或所有社会群体都一样。而且，被泄露的秘密可能与相对而言较小的错误有关，或者可能反映某些较为严重的过错，如酗酒、家庭暴力、犯罪行为等。

感到羞耻总是意味着做错了什么。只要秘密没有泄露，你就会感到愧疚；或者正相反，你会感到羞涩地自我陶醉或偷偷地心怀恶意。当秘密突然被泄露时，这种沾沾自喜的自我陶醉感会发生根本的改变。萨特说，羞耻是替自己在人前害羞。换言之，当你意识到别人了解你的秘密时（有害的行为，做的坏事或不好的事情，不恰当的事情等），作出的反应常常是在那些人面前感到羞耻和尴尬。羞耻与尴尬是不愿别人知道的秘密暴露时感情和行为上的反应。

相反，你可能对泄露的秘密采取无所谓的、粗野的、轻蔑的或傲慢的态度，那么其他可能的反应就是愤怒或嗤之以鼻。你甚至会厚颜无耻地蔑视刚被发现的秘密，企图保留面子和掩盖真实的感情。羞耻感是你发现别人知道了你有悖常理的秘密时的感觉，这个秘密从道德上或社会上应受到谴责。如果我做了某事，但并不觉得这事很严重或很重要，那么我可能自我感觉不错。

羞耻感不只是意味着你错了，也意味着你知道错了！实际上，你表现出害羞时，就是为你所做的违背道德的秘密行为而受到惩罚了。这一点表明羞耻与道德特征有关。当你觉得在别人的眼里你在道德方面受到怀疑时，身体上的害羞，诸如脸红、口吃或胆怯等表现可能会随之而来。"真可耻！"就是一种道德的谴责，是在某种不道德或缺德的行为暴露后的有感而发。因此，在行为上表现出害羞，一方面，可能是承认有错；另一方面，也是为做不好的事或无伤大雅的错事而表现出的自责。确实，做错一件事却不表现出害羞，本身就可以被认为是错的：不知羞耻嘛。

天真的流露：尴尬

有时候，秘密暴露后，产生的结果更多的是尴尬而不是羞耻。那么羞耻与尴尬之间有什么区别呢？我们指出过，羞耻总是意味着缺点、错误或者罪恶；而尴尬与羞耻的不同之处在于尴尬可能发生在全然没有受到责备的情况下。例如，当你想掩盖的事情在大庭广众之下被公开时，你可能会感到尴尬。好比一个十几岁的孩子仔细地把头发梳到能盖住前额的某颗粉刺，却没有什么效果时，会感到尴尬。同羞耻感不一样，令人尴尬的事情通常不是因为做错了什么，而是做了相对而言无害的但引起他人对自己注意的事情。或者暴露的只不过是一件礼节性的、行为准则性的事情，进而引起他人对当事人的注意或评判。

脸红或慌张的样子说明当事人知道自己的举止在他人眼里不得体；通过身体表现出的尴尬说明当事人同意他人的判断，也认为自己的举止不得体，然而却不是什么过错。

有一次，在我十一二岁的时候，我们在一个灌木丛生的废墟边玩耍。那地方离我家只有几条街的距离。两三个女朋友和我在一起，几个平时不太同我们玩耍的男孩也加入进来。我们一定表现得很愚蠢。因为，其中一个男孩把我拉到一边，问，"你想做吗？"我感到特别震惊，马上跑开了。

当然，我知道"做"的意思。作为孩子，我们会谈论这样的事情。一谈到这样的事情，总是有种兴奋的感觉。但我们也知道这样的事情不好。我当时还很纯洁，不会真的去做这种有失体面的事情。

约有一个星期的时间，我把这当做秘密放在心里，没有告诉妈妈。我猜想当时我有点愧疚，因为这种事情发生在我身上，好像我心里悄悄地想要这种事情发生在我身上一样。也许，我对那个男孩的愤怒情绪里有点什么模棱两可的东西。我几乎觉得发生的事情比实际上要多得多。我禁不住地感到害怕，要是妈妈知道我差点做了这种事会怎么想我。于是，我需要消除这种愧疚感。最后，我无法再承受，只好告诉了妈妈。我告诉她那个男孩向我提出的要求。但我并没有把自己复杂的感觉与她分享。

妈妈的反应很平和，告诉我说我处理得很明智。她也谈到了一些在这种情形下我可能会有的感受。她似乎知道很多我内心里挣扎的事情，这让我感到很奇怪。我想一定是因为我尴尬得脸红了，因而使得妈妈能看出我的真实感情。

当然，很多年之后，我再次经历了性欲的秘密感觉，但那时候更多的是神秘感。

尴尬不一定与真正做过的事情有关。其实，你可能什么引起尴尬的事情也没做，但是仅仅想做什么的想法就已经导致了尴尬感。比如，在一个社交场合，有人取笑地说我具有写诗的秘密天赋。我感到尴尬，因为所有的眼睛都集中到我的身上，我已经为自己想象做个真正的诗人或与人分享我的诗作而感到脸红。尴尬也可能由我们完全无法控制的事情而引起。比方说，我走上舞台对观众讲话。我感到尴尬，因为我内在的焦虑表现出来了，或者因为我不小心说出了一些个人的信息。

有时，你打算做一件毫无害处的事情，但是在做的过程中，你发现自己违反了某个理念或行为准则，知道别人会不客气地评价自己。如果很严重地违背了行为准则，你就面临着产生羞耻感的危险。当然，你可以为自己开脱。为了避免羞耻感，你可以声明："那不是我的错。"然而，你还是会为明显无错的事情感到羞耻或尴尬。

比如在学校，老师把试卷发下来，并挑出其中一个学生表扬道："这篇获得满分的文章写得非常好，充满智慧和洞察力。"受表扬的学生脸红了，头转向别处，看起来特别不舒服。取得成功后受到大家的注意这样一个简单的事实就可能成为尴尬的原因。取得成功后表现出尴尬的另一个解释可能是怕别人认为自己不谦虚。[1] 那就是为什么成功地完成什么事情后，公之于众时，合适的反应就是表现出尴尬的原因。通过脸红或者表现出不自在的样子，你就展示了谦虚的正面价值，至少在我们西方文化中是这样。

也有可能脸红的人看起来令人不舒服，缺乏自信。成年人不应该脸红。对于不能沉着冷静地接受表扬的人，我们通常不那么敬重。但是你赢得自信的同时可能失去了更为重要的品质——谦虚。尤其在孩子们或年轻人中，脸红被看做一种美德。

相反，对取得的某个秘密成就沾沾自喜的人或者表现得大胆而招摇的人，被认为是不得体的，缺乏适度的谦卑感。

当你对某事感到尴尬时，普遍被人接受的反应是你想修正导致尴尬的印象。可是通常，当尴尬一旦出现，要改变情形已经太晚。哈雷（Harré）说，那就是为什么表现出尴尬是如此重要的原因。通过对无法挽救的情形表现出尴尬，其尴尬本身就是真正的弥补。教师们并不总是能认识到，挑出学生表扬或给予特别的注意，在被挑出的学生和他或她的同伴眼里，可能会导致该学生被看做"特别的"，因而被认为不谦虚。所以，该学生会脸红或者以其他某种方式表现出尴尬，以便让人感到没有什么等级之分。有时也会出现这样的情况，学生心里感觉自己比别人强，但他也必须看起来谦卑一点，以掩盖自己这种好强的欲望。

---

① 此观点请特别参见 Harré（1991）。

第 14 章　秘密的教育意义

当我们还"小"时，不允许和"大"男孩站在一起。我们不应该听他们粗鲁的语言。不过，你哥哥要是在场的话，你就可以站在一边听他们讲话。那时就不会有什么问题。

——莱奥·海尔茨（Leo Geerts）：《播种贫穷的英雄》
（*A Hero Who Sows Poverty*）

一方面是秘密和隐私，另一方面是监督，两者之间存在一种中性的辩证关系。秘密试图掩盖，不让人看见，而监督试图洞察一切以防止潜在的伤害。在某些情况下，这种逻辑辩证关系具有教育的指向。比如，一群年轻人围在一起站着，互相开着下流的含沙射影的玩笑时，一个年幼的孩子偶然"加入"进来，那时会出现什么情况？也许什么也不会发生，他们继续无所顾忌地开着玩笑。确实，这样的情形对一个警觉的父母来说是无法容忍的。可是，当孩子的哥哥也加入进去时，又会怎么样呢？海尔茨（Geerts）具有敏锐洞察力的回忆引出了"监督效果"的教育学价值。[1] 当有年幼的孩子在场时，只要孩子的哥哥在旁边，就足以让其他孩子讲出的话不那么难听了。然而，让"大孩子们"的举止言谈变得文明一些既不是因为哥哥本身在场的缘故，也不是因为孩子本身在场的缘故。似乎是因为那个大孩子与他的小弟弟之间存在监督性的关系，这种关系的教育特性也影响着这群年轻人。

---

① 请参见 Geerts（1988），p.33。另见本章的题记。

监督的需要与隐私

我女儿（5岁）和儿子（快2岁了）每周去托儿所待3天。每次回来后，我通常会问他们一些问题，看他们这一天过得怎么样。我想我这样做有很多理由：因为有一整天没见到他们，我想表示一下关心；我对他们做了些什么真的很感兴趣；我想知道他们是不是很开心；我想了解他们学的和做的是不是我认为合适的东西；我想通过谈话了解当时的情形，看他们是否得到了应有的照顾、指导和关心；尤为重要的是，我想确定他们没有受到老师或其他孩子任何形式的虐待。毕竟，我们真的不知道当我们不在的时候发生过什么事情。

问题在于我的女儿常常表示她不想谈论这些事情。她甚至很直截了当地说："我不想告诉你。"（当然，我的儿子还太小，无法告诉我他的经历。）

有时，看到女儿拒绝谈论她的一天是怎么度过的，我感到有点恐惧，因为这令我幻想各种各样的可能性，比如，是不是有谁告诉她不要讲出来？但通常，看起来没有任何理由让我怀疑发生过什么不好的事情。所以，我只好就此作罢。我意识到，孩子们觉得坐下来谈论发生过的事情很乏味。

因此，我很惋惜没有一扇窗户让我看到我不在时孩子们在托儿所发生的一切。

父母应该对孩子们了解多少？对孩子们的监督到什么程度比较合适？这种监督的意义是什么？很显然，一方面是秘密或隐私，另一方面是监督或控制，两者之间存在着一种紧张关系。然而两者在教育意义上都是很重要的，并且是必不可少的。监督（一般意义上的"看住"

孩子）是必要的，因为它为成人提供了教育责任心和责任感的基础。①
不能真正"看见"或理解孩子们的父母或教师是无法履行他们的教育责
任的。监督中所含的留心和警觉的成分很重要，因为它为孩子的发展
提供支持并指明方向。

尽管了解孩子很重要，但是秘密和隐私，从教育意义上说，也很重
要。因为它们为孩子内在能力与个性的形成提供了条件。父母和其他
教育者一旦开始承认孩子们的隐私权，实际上就是在为孩子的秘密经
历创造空间。而且，秘密和隐私的存在使得抚养和教育孩子的任务变
得更加容易忍受，因为它帮助我们认识到对孩子完全的监督与控制（内
在的和外在的空间）不只是不可行，甚至是不可能的。

在秘密与监督的需要之间存在着一种矛盾的关系。如果我们总是
一定要探究孩子内在的想法，就可能让一个独特的自我感到很沮丧。
所以问题是：我们什么时候应该了解发生了什么，什么时候应该让孩子
们自己去处理呢？毫无疑问，在具体情况下，甚至一般情况下，和孩子
亲密无间还是保持一定距离，两者之间如何相互平衡，别人是无法帮上
忙的。或多或少，在孩子们与其父母、教师和照看他们的人之间总是存
在隐私和监督的紧张感。比如，成年人必须平衡社会和个人之间的需
要：逐渐向孩子介绍社会生活惯例的需要和孩子拥有自己的秘密及愿
望的需要。有个母亲分享了下面这段清晰可辨的回忆：

> 我喜欢孩子们在离开一个地方时或别的什么人时说一声再
> 见。然而，孩子们通常都拒绝这样做或者似乎对此不感兴趣。我
> 可能会重复一到两次要求他们这样做，然后我一般就放弃了。但
> 是，有些家庭和朋友来往时都要求他们的孩子们问好和说再见。
> 有些人甚至坚持要拥抱一下或亲一下——即使他们的孩子似乎并
> 不是特别乐意合作。作为父母我感到无法坚持让我的孩子这样

---

① 我们不应该把监督这个更狭窄的观念与其他形式的看管和照看孩子们混为一谈。更具体
地说，监督（比如严守纪律和保持课堂秩序）隐含着对年轻人的一种特别的看管和引导。孩子们的
监督者通常是指承担一所学校或一个青年服务中心等管理职责的人。

做。 这就好像是直接侵犯了他们个人的感情空间。而且，我不愿意陷入与孩子们摩擦的"情景"中，我宁可把与孩子们之间的小战斗集中到值得花精力的事情上。

一方面，当孩子们还不完全了解客人们来访后要隔很长时间才能再来时，要求他们说"你好"或"再见"似乎是徒劳无益的。很小的孩子们看起来主要生活在现在：你在时，你就在这儿；你走了，你就不在了。许多成人记得在孩提时代大人们怎样随意地忽视了自己对时空的个人感觉。现在，他们不想把自己儿童时代经历的无奈强加给孩子们。他们记得遇到困难情形的挑战时是什么感觉，记得在成长的压力下的感觉。

另一方面，孩子们通常是以自我为中心的：他们可能不记得奶奶很喜欢得到一个拥抱，或者哈里叔叔有几个星期或几个月不会回来。当孩子们长大一点点，和奶奶亲吻告别或者与哈里叔叔握握手就不再是孩子个人内心生活的权力问题了。不起眼的社会习惯，诸如问个好、道声再见之类的，其实可能对内心生活的建立起主要作用。无法意识到需要一点小小的牺牲来满足奶奶的感情需要，或者注意到哈里叔叔需要受到关注的信号，这样的孩子们对祖父母、叔叔阿姨和朋友的想法或秘密感情就不会那么珍惜。

所以，我们生活在隐私和监督之间复杂的矛盾所产生的紧张感中。这不是我们必须选择要么这个，要么那个的问题，但事实是其中一个离开了另一个就无法存在。孩子们既需要监督性的注意，也需要有养成独立的内心自我感觉的自由。在这一点上，孩子们一方面想独立，不再受到监督，但另一方面，遇到个人问题时，他们也想得到支持和"理解"。对成人来说，只是简单地站在一边，相信当孩子们需要时会敞开心扉寻求帮助，那是不够的。成人往往需要对出现的情况具有一定的洞察理解能力，又不被看做是出面干涉。这点不只是对父母而言，对教师也是一样。好的教师知道当学生们遇到困难时需要他们提供帮助，但是能够提供帮助并非仅仅是被动的事情。教师们应该主动理解年轻人在学校经历了怎样的问题，而遇到此类问题时，要和老师沟通有时候是多么的难。

　　比较理想的是，孩子们能够了解，对成人而言在监督与隐私之间寻求平衡是多么的困难。但现实是，尽管成人曾经当过孩子，孩子们却不具备当过成人的优势。因此，孩子会很容易抱怨说父母或教师要求过高，对孩子的个人自由太过干涉；而同一个孩子也会同样容易抱怨说，父母或教师在他或她需要时没有提供足够的支持或指导。孩子们不只是想把事情掩藏在心里，不让成人看见，他们也想被"看见"和被"理解"。尤其在年幼的孩子们中，我们注意到他们会大声叫喊："瞧我，妈妈！瞧我，爸爸！"大一些的孩子们不再大喊大叫，但可能通过其他方式让我们知道他们需要被"看到"和理解。问题在于，孩子们想要被看见但又不总是被"看透"。因此，父母和教师们必须有足够的信任，知道孩子们本质上愿意接受他们，尽管他们有成年人这样那样的缺点。

　　确实如此，孩子们的智慧可能比许多成年人相信的要大得多。比如说，在研究孩子们的谎言时，我们不只是对孩子们撒谎感兴趣，同时也对成年人撒谎感兴趣。[①] 成年人对孩子们撒谎的程度是相当广泛的，不管他们这样做是不是出于教育意义上的高尚原因。奇怪的是，当孩子们（即使是 8—11 岁的孩子）被问及有关成人对他们撒谎的看法时，他们似乎已具备相当宽容而体谅的能力了。某些情况下，他们直率地说："你难道不知道，当父母撒谎时，他们是为了保护他们的孩子们吗？"

机构化的关系和教育的关注

　　在全球范围内，很多孩子受到不公正的对待、虐待、遗弃、利用和忽视。幸运地降生在从社会和经济角度看都较为安全环境中的孩子们，相对其父母来说，似乎更早地变得成熟、独立、老练、有社交能

---

　　① 请参见 Levering（1984）。

力。可是代价是什么呢？在一篇很令人深思的关于受到监督的孩子们的文章中，贝特丽伊斯·里策马（Beatrijs Ritsema）对孩子们从成人那儿得到的注意太多又太少的现象作了评论。[①] 一方面，成年人越来越意识到当代社会对孩子们身心健康的种种危险。孩子们的玩具、游戏场所和住宅区都适应安全的需要，并且受到严密的监督，以至于孩子们越来越难有机会体验到离开大人的视线范围自由自在地玩耍，冒险探索外面的世界。另一方面，似乎很多孩子们从父母和教师那儿得到的真正关注却更少了。这点主要是因为日常生活愈来愈机构化。很多国家出现了越来越多的托儿所就是这种倾向的例证。反思托儿所现象，在此只是作为一个例子抛砖引玉，以进一步洞察社会机构化的生活的其他方面。

诸如全托所、日托中心、（儿童）放学后托管处等毫无疑问都是些机构。它们是同医院、学校、办公室、商店和监狱一样的机构，因此，在日托中心和放学后托管处的经历与孩子们在家的经历是不同的。即便幼儿园和临时托管中心能丰富孩子们的经历，许多婴儿、幼儿和小孩每天在日托中心里待的时间也太长了。里策马这样描述她在典型环境中所见的情形：薪水待遇太低和超时工作太长的日托中心员工承担的责任是绝大多数家长自己都没遇到过的——一个人得照看4个、5个或6个婴幼儿（在得到财政资助太少的日托中心，成人和孩子的比例更为糟糕）。

> 一个日托中心的员工要照看4个或更多的婴儿，因而把自己搞得很邋遢。一整天，她必须换尿片，把每个婴儿抱出小车，用奶瓶喂奶，弄干净婴儿打嗝后的污迹，等等。这意味着婴儿们不得不等着轮到自己。当一个被抱在手上喂奶时，另一个在哭的就没有人去安慰了。这还意味着"满足"（不爱哭闹）的孩子得到的照看更少。被绑在转椅上的孩子，要是不发出什么不满意的声音，可能会被留在那儿多待20分钟，因为他的同伴正在制造混乱。日托中心

---

① 请参见 Ritsema（1993），pp.67-94。

的员工很少有时间去做下面这些事情，比如同高兴地坐在腿上的婴儿简单地说说话，把孩子用推车推到室外，或者把婴儿用吊袋挂在身上到处转转（有谁见过一个母亲出门时吊袋里一次装着 4 个婴儿的？），等等。这些就足以说明问题了。

当然，在家里时，婴儿或幼儿有时候也得等着清理污迹，等着喂奶，哭闹时等着人安慰——但是却不是因为他不得不排队等着其他必须先照顾的婴儿。①

里策马还进一步提供了实例，说明在家里与在日托中心的生活是多么的不同。在日托中心里，一切都必须像在任何其他机构里一样，按照一定的规则、程序和规律行事。在家里，孩子目睹家中发生的一切：盘子碟子洗干净了，房间通过风了，邮递员送来一个包裹，一个客人可能要顺便来看看，孩子一起去购物。幼儿看见妈妈或爸爸看报、接电话、在门口和什么人打交道、在房子周围整理东西——所以，这个小孩子主动参与或间接感受到很多的事情，尽管这些事情不是专门为他或她安排的。相反，在日托中心成长的孩子对正常的世界所见甚少。孩子整天只看到其他孩子与玩具，孩子们使用的家具和工具，以及为开日托中心而特别设计和布置的种种。

因此出现这样一个矛盾的情况：孩子们在日托中心受到的关注太多又太少。他们得到太多的注意是因为整个日托世界开设在监督孩子的招牌之下。"当孩子们朝四周看看，"里策马说，"所见的都是彩色蜡笔、墙上的动物图片（和那些到处都是的该死的字母表）、玩具动物，以及用来激发想象力的木头块块。"②相反，在家待着的小孩子，以自己的方式，成为正常世界中的一部分，这个世界比日托中心精心控制的环境下提供的"乐趣"要丰富得多且现实得多。在家的孩子们知道，一旦需要，父母通常马上就可以来到自己的身边，但他们也注意到妈妈爸

①　请参见 Ritsema(1993)，pp.71 - 72。

②　同①，p.73。

爸有他们自己的生活。有时候父母会推着你荡秋千，而有时候你就得自己玩耍。

家庭生活与机构化的生活的根本区别在于机构是按照预设的日程和程序结构化的、监督化的。这也意味着机构缺乏隐私；这也就是为什么我们很乐意离开办公室、工作间或医院等，回到家里的原因。在家里，我们可以在自己最喜欢的椅子上休息，或者待在一个能够真正表现出自我的角落，或者和对我们而言有特殊意义的亲人们为伴。当然，在家里也有枯燥的日常活动、期望和日程。可以想象，有些孩子在家里也会经历和体验到机构化的生活。然而，家庭生活的灵活性和随意性更适合于真正具有教育意义的关注。

监督和缺乏隐私

额外的零钱（spare change）指的是必要的开销之后（如食物、住宿以及其他开销和小小的奢侈花销，诸如看一场电影、买一盘音乐光碟或喝一杯咖啡之类的）所剩的硬币。相类似的，业余时间（spare time）指的是放学之后、工作之余及放松之后所剩的时间。业余时间与闲暇时间（leisure time）不同。闲暇发生在放学之后、作业完成之后或者其他工作责任完成之后。闲暇意味着你得到自由的许可，从字面上说，闲暇（leisure）指拥有快乐的执照（license）。但是闲暇时间似乎已失去其"拥有空闲"（being free）的意义。闲暇或娱乐时间与纯粹时间过剩或者时间有余不一样，后者是指"什么也不做"的时间。

在教会学校完全机构化的环境中或在每一分钟都安排得满满的寄宿学校里，什么都不做显得非常重要。像前面说的日托中心一样，在教会学校这样的地方，纪律、控制和监督的意义也变成了教育上的问题。约斯尔·范德斯曼（Josr van der Sman）重访了她年轻时待过的女子寄宿学校：

> 那沉重的前门在我身后砰地锁上时，那儿时同样的愤怒、压抑

感、孤独感和无法衡量的被遗弃的感觉再一次攫住了我。"别那么孩子气，"我对自己说，"别胡思乱想了，你离开这儿已经 18 年了。"

然而，那些昏暗的过道……那些铅框的窗户……那极其严格的气氛……那外面世界无法穿透的沉寂的厚墙……看起来一切依旧。穿黑袍的修女那黑黑的影子随时可能从阴暗处冒出来，用尖厉的声调问我在这儿做什么，为什么不和别的孩子们一起待在住处或学习大厅里。

最后令我发疯的是片刻属于自己的时间都没有。在那时，当私立学校仍然被称做普通教会学校或像我待过的那种女子教会学校时，隐私根本就不存在。每天都如此严格地被划分为"起床—早餐—上学—午餐—上学—晚餐—学习—就寝"，即使在正式的日程表上，也找不到可以避开永远在场的修女们怀疑目光的时候，哪怕是一秒钟。不管是谁，想悄悄溜出去 15 分钟也走不远，因为所有的门都上着锁，而钥匙则深深地埋在管理人员长袍的口袋里。一切都在注视之中。你甚至连上厕所都要得到一个叫做费利西亚纳（Feliciana）的性格乖戾的修女的许可。她通常坐在一张大桌子的后面，庞大的身躯挡住通往娱乐室的唯一出口。你如果试着从她身边穿过，她会洋洋得意地说："我们在做什么？我们去哪里？你在读什么？你在谈论什么？你在傻笑什么？你为什么想回房间？这些信件你都是写给谁的？你为什么要打电话？这个周末你干了些什么？你家里人怎么样？"

修女们问的问题越多，得到的回答就越少。最后，这些业余教育家们，就会时时惶恐不安、半信半疑，因为她们不知道如何才能打破孩子们的沉默，于是她们悄悄地拆看我们的私人邮件，想通过好像很秘密的、亲密的谈话方式从一个孩子口中刺探出另一个孩子的信息。①

---

① 请参见 van der Sman（1987）。

严格的教会或寄宿学校对学生生活的压迫性控制，以及在那里时而发生的不光彩的秘密，可能已经基本上消失了（尽管它们仍然坚持以精英私立学校的面目出现），然而现代的孩子可能仍然同样缺乏特殊的个人隐私感——完全属于自己的业余时间里的经历。许多孩子的空闲时间完全被课后的项目，有组织的体育、音乐、芭蕾、游泳俱乐部、棋类、爱好、社区活动等所占用。这些孩子们的生活里只有学习、做功课以及严肃的闲暇活动，以至于几乎没有空闲时间，没有时间用来挥霍、闲逛、无所事事、无聊地在住处周围溜达，或者在房子周围懒洋洋地休息一下。

因此，尽管无所事事的空闲时间看起来没用，但对有些孩子而言，太缺乏这样的时间，可能不是件好事——虽然真正不好的可能是拥有太多无所事事的时间。真正的业余时间（除工作、学习和娱乐时间之外）可能对形成孩子的自我个性是一个重要的教育因素。这种额外的、没作安排的、剩余的时间，是纯个人反思、做个秘密白日梦的机会。这时候的反思没有受到其他问题、工作、责任或项目的限制或牵引。你的精神和思绪可以漫无目的地游荡，因为你感到如此的无聊。

手头有空闲时间、感到无聊的年轻人更可能采取完全自发的行动。最终，他可能会做些事情，或者也可能什么也不做：读一本书，去烦一下兄弟姐妹，搜一遍过去的旧东西，在卧室的墙上乱涂乱抹一通，照一照镜子，想出来一个新奇的点子，或者只是躺在草地上盯着天上的云看。毫无疑问，某些行动有时候可能会变成淘气的行为，但你不可低估完全得靠自己想出来做什么事情的潜能，这可不是成年人建议的或组织的，也不是由某个事先订好的计划决定的。许多孩子很少有机会做自己想出来的事，或者做一些纯粹因为无聊而想出来的事。确实，很多孩子很少独自一人待着。通常孩子们会依靠电视来打发空闲的时间，这不一定是个好事。"电视孩子"不需要体验"自我"，不需要自己负责在这段空闲时间里去做或不做什么事。电视是个被动的监督者，对它而言没有秘密可被隐藏，因为它首先就没有产生秘密的空间。电视占据孩子的内在空间，孩子们本来可以用这样的时间和空间激发出自由的想象力、"无用"的自我反思、偶发的行为及个人责任感。

既然监督和隐私的价值观如此错综复杂，成年人怎样才能有效地处理好监督与隐私的关系呢？与其建议制订条条框框（去限制孩子），不如通过反思对秘密与隐私的性质达到更好的理解。对秘密、隐私和监督的体验及教育意义十分敏锐的成年人更可能知道如何行动，处理关系和具体情境时能更好地把握尺度分寸。

年轻人真的需要外部空间来开发其内部空间。一方面，许多机构化的环境（诸如老式的寄宿学校，在那里，监督意味着盲目的纪律和严格的控制）不能为孩子们提供所需的私人空间。机构化的环境（诸如当代的大众日托机构，在那里，许多父母需要上班的孩子们度过了他们白天"最好"的一段时光）也缺乏空间感。另一方面，即使是在不那么机构化的家庭生活环境中，可能也缺乏年轻人需要的、有助于内心空间与个性积极发展的空闲时间。以上的例子（日托中心、寄宿学校和缺乏空闲时间）是为了说明隐私的问题在各种大相径庭的环境中都会存在。

那么，我们很容易相信被剥夺了个人空间体验的孩子们不能形成和发展其个人的内在空间。但这种观点是错误的。缺乏个人空间的孩子们可能不得不转入"地下"，构建双重的生活，一种作为避难场所的秘密的内心生活。孩子过着外在的生活，同时，内心的生活却与外在的准则和期望截然不同。这些内外世界的种种（不相）对应或差异，使得某些与众不同的个性风格甚至是紊乱的生活得以萌发。

有人可能会说，西方典型的个性和以自我为主的性格，与其文化中得到重视和允许的隐私特征有关。人类学家施卫德（Schweder）和布尔尼（Bourne）提出："西方个性起源于其（尊重）隐私的风俗——隐私暗含着对独立自主的热爱或需要，而独立性，基于维护个性的完整，则需要隐私。"[①]换言之，缺乏隐私可能就无法形成内心生活，但是，也可能阻碍典型的西方内向性格的形成。在我们的西方文化中，隐私的经历对个性或者自我发展的重要意义实际上使得隐私的存在成为一种教

---

① 请参见 Schweder & Bourne（1984），p.194。

育上的要求。当然，隐私不只是因为个性发展的原因而重要。齐美尔把一个人隐私的权利与此人的神圣不可侵犯的权利相联系。[1] 基于人的尊严的原则，隐私的权利也是一种普遍的人权。孩子的隐私权产生于这种人权。因此，对孩子们生活中隐私的尊重与孩子的尊严相关。

尊重隐私权不是一种普遍的价值观而是西方社会环境的特征，这一点在巴黎装饰艺术博物馆的展览中得到了表现。[2] 展览以绘画、版画、照片和模型的形式展示出自中世纪以来，卧室开始在欧洲家庭中占有不同的空间。到 17 世纪末，卧室变成了展示和炫耀家庭财富的"最好的房间"，而睡觉只是其中诸多功能之一。卧室不是一个私人房间。直到 19 世纪，隐私才成为卧室的一个特征。正是从那时起，父母卧室、育婴室和病人室才与总的公共空间分开。现在，孩子们的房间也出现了，还有青少年的个人卧室也有了。换言之，当代的卧室是典型的西方现象。

因此，自己的房间可能对自我意识（selfhood）的发展有着重要的意义。我们看到孩子们经常躲到他们自己的房间里，却很少想过他们独自待在里面做什么。我们可能注意到，在需要一家人聚到一起的时候，他们总是磨磨蹭蹭地需要一会儿才能出来。不过，当有一天，在孩子的房门上看到"私人领地!!! 请敲门三次!!!"这样的字条时，体谅的父母，如果尊重孩子隐私的需要，就不应该感到惊奇。

教室里的监督

我们的主题是：保守秘密——不把事情说出来的能力——是个人、自我认同的一个条件。如果我没有可以分享的东西，因为我没有内心生活——没有私人的、秘密的想法，那我是谁？同样，如果生活本身最

---

① 请参见 Simmel（1908/1970）。

② 请参见 Musée des Arts Décoratifs（1959）。

终对我们而言不是秘密的话，生活又有什么意义？当然，对这个人来说可能是秘密的事情，对另一个人而言可能没有兴趣了解，也可能正相反。使这个孩子的生活变得可怕的秘密，对另一个孩子来说可能会有魔术般的效果。

在人们关于如何教育儿童的辩论中，隐私的意义和孩子们隐私的权利很少为人谈及。那些懂得秘密和隐私的意义以及它们可能带来的后果的父母和教师会认识到，每个孩子都是不同的、独特的，因而每个孩子具有不同的忍耐能力，因此，必须给他们创造不同的秘密和隐私空间。这种教育上的相对论，与认为隐私和秘密是孩子们成长乃至贯串整个成年生活的积极因素的观点并不矛盾。所以我们需要为年轻人提供享有私人空间的机会，提供一人独处的时间，提供可能具有个人意义的事物。不过，在很多方面，给秘密和隐私以适当的空间变得越来越困难。我们有时没法控制那些侵蚀隐私和秘密的体验的事，有时甚至都没有注意到那些侵蚀。

一项发明，比如说学校教室里的黑板，说明了一个进步也会使其他可能也不错的东西消失。在 1860—1869 年，黑板在西方社会进入学校，它从根本上改变了教室里教育关系的特征。过去，每个学生都完全依赖于他或她的个人写字板和铅笔来完成作业，练习解题方法。黑板的发明使教室里的学习过程不那么个人化，相反，变得更加公开化。老师可以站在前面，让一个学生在黑板上当着全班其他学生的面解一道题。学生们则可以把自己写字板上的解题方法与黑板上公开示范的解题方法进行比较。一系列众多的变革使对孩子们学习和内心生活的监督变得越来越有可能，而黑板的发明只是其中的一步而已。

学校里越来越多地监督孩子们的学习和成绩，往往使得孩子们的学习趋于同一化。尽管人们试图使学习过程具有个性化并承认每个孩子有其独特性和与众不同之处，但是课程开发和设计却总是有趋向同一性的压力。课程的设置和要求是为了给学校之间、校区之间、各地区之间提供连续性。全国的评估项目是为了监督学习的成果，这种成果与该课程设置的广泛目标是一致的。于是，教育体系更重视统一化而非独特性。

在孩子们看来，课程真的就像跑道一样，所有的孩子都必须跑。①跑得最快和最有效的就是比赛的胜利者。但是，孩子们进入比赛时的装备并不是同样的，也不是都在同一个起跑线上。所以，很多人体验到了失败和挫折。有时候，对孩子们来说特别痛苦的是，在课程学习当中，人的价值是由他或她这门课的成绩来衡量的，而比赛则主要是在观众的注视下进行的。下面就是一个学生对在公众面前曝光的描述：

我不笨、不傻，甚至还学得很快。可是，如果自然课的老师就我们正在实验室里进行的课题提问，他要么令我感到自己很愚蠢，要么使我觉得自己特别了不起（很少会有这样的情况出现）。我总是希望他不要叫我来回答。他那双严厉而又冷酷的眼睛在教室里扫过时，我的身体都会感到僵硬而冰冷。所以我经常试图藏到课桌和椅子之间不让他看到我。然而，他却好像总是能找到我。

"古尔辛（Gulcin）……"

听到他叫我，我通常会坐得直直的，努力集中精力。可是越努力，就越让我想到他会作出什么反应。奚落一通之后，他的手指会点向别人。那时我会感到松了一口气。但是，想到他可能还会再叫我，我就会感到喉咙堵得慌。

不过，今天会有些不同。我不会害怕了。我下决心回答他提出的第一个问题。要是我知道答案的话。

"好，大家注意了，水龙头是什么样的简单机器？"

嘿，我知道这个。尽管我的掌心在出汗，我还是轻轻地举起了手，心里还有点希望他不要看到我举起的手。但他看见了。

"古尔辛？"

我的声音近乎耳语，几乎听不到。

---

① 拉丁文 curricle 最初是指"轻型的两轮马车；一次赛跑；一次航线；一辆用来比赛的敞篷双轮马车"，于是课程（curriculum）就有了作为一个行程的意义，即学习的过程。

"螺丝？"

我忐忑不安地看着他的眼睛，以为他不同意的眼神证明我错了。但我却答对了！我感到非常高兴，以至于没有听到问题的第二部分。他讲得很慢。

"这种螺丝状简单机器的原理是什么？"

我呆住了，被他的尖锐吓了一跳。我觉得受到了欺骗。他舔舔嘴唇。有点得意？他似乎喜欢在孩子们不设防的时候抓住他们。他走到离我更近的地方，用很强调的语气，开始自己回答这个问题。

"它是……缠绕着一个圆柱的……斜面。对不对？"

空气里散发着他呼吸中的烟草味，他补充说："我希望你大脑里的螺丝没有松，小姐。"

我努力让自己沙哑的声音能被人听到："有……我是说没有，先生。"

我一屁股坐到座位上，无声地看着他的手指指向别人。

由于时间和课程计划的压力，教师在教室里采取的一些教学手段令孩子们感到是对他们自我的侮辱。而在我们的文化中，自我价值与成就是紧密相连的。教师们常常喜欢小组讨论一些理解方面的问题，可学生们则往往喜欢受到老师个别的注意来解决学习方面的困难和其他问题。创造出黑板的那种力量，与捍卫孩子们的尊严、认可孩子们的隐私和秘密的意义产生了矛盾。

孩子们毫无疑问地希望他人能够看到他们的独特性：他们想要发现自己的签名，自己的风格，作为独特的个体生命能够为自己做些什么。而年轻人喜欢被人注意，得到认可，肯定他们的自我。当大一点的儿童和少年开始模仿穿着打扮、言谈举止和某些同龄人群体的风格时，这可能并非在寻求同一性，而是在探索自我以及与父母或身边的成年人的区别。作为教育工作者，我们很容易"看"不到整天与我们打交道的年轻人。即使作为教师，我们在听一个学生讲话时，我们"真的"听进去了多少呢？我们全身心都集中在这个人身上了吗？关注一个年轻人意味着什么呢？

有时候，教师们会惊奇地发现，一个在课堂上很普通、很一般、很不出众的学生，在课外却展现出特别的才能、力量或兴趣。在当地的一次表演中，老师发现她的一个学生在芭蕾舞表演中成绩突出。另一位老师在报纸上读到他的一个学生是如何赢得省里跳高比赛冠军的。在某个社会活动中，一些很少被人注意到的学生们展示的音乐才能使在场的每个人都感到惊奇。突然间，这个年轻人或那个年轻姑娘不再是那个不为人知的，在SAT①中得分很低，或者在期中科学课考试中拿平均分的人了。就好像教师们突然间发现了这个他们原本在学校里不怎么尊重，或者在课堂上几乎不曾注意到的孩子秘密的另外一面。

所以，似乎孩子们之间的不同与这些孩子们拥有的秘密有关。当然，说"孩子的秘密"不是指了解到的没有表现出的能力或突出的成就，而是指使得我们注意到这个孩子与众不同之处的这个或那个显著因素。任何孩子（不管是特别有才能的还是没有才能的）的内在秘密都是对孩子自我个性和独特性的见证。这种认知是所有教育工作者的职业所应具备的。某个孩子的与众不同之处甚至可能由某种品质或特征构成，这种品质或特征在第一眼见到时不一定很引人注目。然而，人们应该期待教育工作者把孩子的与众不同之处作为出发点。教育工作者必须乐意问自己：怎样才能把每个孩子都视为秘密呢？我能以我的方式给孩子提供怎样的帮助呢？我能怎样帮助他去体验作为美妙秘密的生活本身呢？

监督——对他人的真正兴趣

恰如其分的教育关心取决于对孩子的真正兴趣。但是，对孩子的真正兴趣这份好意是不是也充满着潜在的危险呢？难道我们不是常常

---

① 美国大学入学测试。——译注

处在这样一种左右为难的境地吗？我们为了解孩子的内心世界，会作出种种努力，但这种努力却被孩子视为一种负担和压抑。对我们的孩子们的秘密情感与内心生活的了解应该达到什么程度呢？一个谨慎地与孩子们保持距离和中立关系的教师，难道不能被看做为孩子们的个人发展创造了必要的空间吗？一个讲课和布置作业不考虑个人情况，以清晰而公正的标准衡量学习成绩的教师，可能对孩子们学会了解他或她自身的能力和限度起到更有效的作用。受到人格侮辱或当众感到尴尬的情况，与能够在相对非公开的环境中面对失望之间还是有区别的。教师（尤其是中学教师）不愿与孩子们建立个人关系，可能有利于保护孩子的个人尊严不受伤害，因为教师的评分和量级不那么可能影响孩子的自我价值感。于是，分数的意义就变成了对孩子成绩的公正评价。

然而，我们可能低估了个人关心，教师与孩子之间的关系，以及了解教育年轻人的种种主观因素的重要性。下面是一位高中生描述的当考试卷发回给学生们时的情形。教师表现得与学生们有一定的距离而且公正，但这位学生似乎渴求对个人的肯定：

> 我慢慢走近她的书桌，手紧张地颤抖着。我看着她忙碌地整理着马上要给我们班上课的材料。我从她脸上没法看出她的情绪，因为她脸上毫无表情。
>
> "啊，嗯，我们，是不是会拿回我们的考试卷，蒙塔古夫人？"
>
> "也许吧。不要问没用的问题。坐下吧，辛迪。"
>
> 我走回自己的课桌，感到坐立不安。每次我跟她谈话之后都这样。这堂课大部分时间，我几乎什么也没听到。直到这堂课快结束时，我听到她说："……把你们的试卷拿回去……"我挺直身子，心脏开始剧烈地跳动，既充满希望又感到害怕。
>
> 蒙塔古夫人开始发试卷了，我不耐烦地坐在座位的边边上，手指急切地敲着。

当她把试卷递给我时，我抬眼与她瞥我的目光短暂地相接。她那严厉的眼神似乎变得有点柔和。但最令我意想不到的是当我看她薄薄的双唇时，它们竟然卷成了小小的一丝微笑。

她好像很为我高兴。

恰当的教育关心在于对孩子本身的真正兴趣。年轻人常常抱怨的是，他们没有从父母和教师那儿得到真正的关心和注意。这似乎真的是一个挑战：既要给年轻人必要的秘密和隐私的空间，又要十分关注他们的内心生活和体验。

当然，这并不意味着教师或父母应该过分地刻意挖掘孩子的内心生活。通过挖掘暴露出来的隐私不可能有益于成人与孩子之间建立积极的关系，相反却更可能破坏亲密的关系。对于有些秘密，孩子们本应与人分享，但他们却留在了心里，这种情形也是一样的。最理想的就是大人能够知道如何给孩子提供机会去分享秘密。对孩子的个人感情刺探得太多不一定能保证成人与孩子之间的良好关系，因为与你分享一个秘密真的就像送给你一件礼物。这个秘密不只是一种关系现象，也可能被视为良好关系的雏形。强迫别人分享秘密必然蒙受损害。秘密是一种委托。不只是秘密受到委托，信任本身也受到委托，因为它是最珍贵的礼物。

简而言之，良好的教育关系既不是产生于漠不关心和疏远，也不是产生于刺探和没有耐心。与很小的孩子们相处，常常很难有明确的语言交流，大人必须猜测孩子的感情和意图。在此，教育关爱有各种不同的形式。如果孩子很小，有爱心的父母会留心孩子，尽管孩子不一定很清楚大人在看护着他。在大人们留意的过程中，孩子们可能全神贯注地玩耍。小孩子们感觉不到自己被人看着。这样的话，孩子的隐私也就不会受到侵犯。很小的孩子们很自然地信任自己的父母和教师。

然而，一旦孩子们具有了保守秘密的能力，孩子与大人之间的关系就发生了极大的改变。这种不同的关系可能部分是因为自我的发展与原有的期待或愿望不同了。大人希望孩子对某些方面有兴趣，而孩子却按他或她自己的方式在发展。不管听起来多么奇怪，对孩子真正有兴趣就应该珍视孩子与我们的不同。父母与孩子关系改变的另一个原因不只是孩子不再随意告诉我们任何事情，而是孩子可能不对他或她的父母讲，却跟别人讲。父母有时候不得不习惯于这样的事实：孩子似乎对教师的意见和信任更珍惜。

有时，成长中的儿女可能好像完全与父母疏远，尤其是当他们受到同伴的影响很深时。通常，这些都只是暂时的过程，与父母的关系永远是很特殊的。然而，同伴的深深影响可能也不会完全消失。

人生的秘密

与秘密有关的教育学首先要处理的是孩子们生活中拥有的秘密所具有的重要性以及我们对这些秘密的尊重。然而，如果与秘密有关的教育学与生活本身的秘密——孩子们在他们的生活中必然要遇到的秘密——无关，那它就不完善。

对于成长在令人激动而安全的环境中的孩子们而言，有很多需要学习和发现的东西。但其中很大一部分似乎只要懂得了成年人所赋予的这世上各种事物的意义就可以学会。然而，要熟悉事物的意义有时候比第一眼看上去要复杂得多。年轻的埃利亚斯·卡内蒂（Elias Canetti）怎样弄明白读书的真正意义的例子就是这样。卡内蒂被授予1981 年诺贝尔文学奖。他在其自传的第一段描述了他童年时代的一些内心挣扎。

即使是在土耳其统治的早期罗斯珠克（Ruschuk）时代，奥地利对我们的影响也是有很多可说的。不只是我的父母双双在维也纳上学，也不只是他们相互之间讲德语，而是我的父亲每天都阅读维也纳自由报——《新自由报》。当他慢慢地展开报纸时，那一刻很重要。一旦他开始阅读，他就不会再看我一眼，我知道无论如何也没法让他回答任何问题。妈妈本人也不会问他任何东西，即使是用德语问都不会。我试图弄懂报纸上到底有什么使他如此着迷。一开始我以为是报纸的气味。他独自一人时，没有别人看见我，我就会爬到椅子上，贪婪地闻报纸新鲜的油墨味。但是接着我注意到他的头随着报纸的页面而移动，我在他的背后模仿着他的动作，尽管面前没有报纸。当他双手拿着报纸伏在桌上时，我就在他身后的地板上模仿他。一次，有个来访者走进房间跟他打招呼，他转过头，发现我在做着想象的阅读动作。于是，没来得及跟来访者说话，他先对我说起来，解释说重要的是字母，很多小字母，他的手指在那些小字母上弹着。他说，不久我就会学字母了。他的话引起了我对学习字母的无比强烈的欲望。①

在此，我们看到一个年轻人如何发现成年人活动背后的意义。然而，无论发现阅读是多么的美妙，它却似乎与像"人生意义"那样崇高的事情无关。

正如加布里埃尔·马塞尔（Gabriel Marcel）所言，在卡内蒂童年记忆中所发生的似乎只是解决隐藏问题的过程而已。马塞尔区分了两种问题：激发解决问题欲望的问题和激发联想的问题。② 所谓问题是指我们遇到的像障碍物一样挡路的东西。问题，可以说，就在我们的面前。如果我们遇到了问题，我们知道是我们不懂的事情；而一旦找到了解决问题的办法，问题就应该被解决了或者至少是可以得到解决了。因此，卡内蒂的问题似乎是他不知道阅读就是通过视觉"接触"文字来获得信息。一旦他了解了这个"秘密"——他父亲看报时所做的——他的问题就解决了。

在孩子们生活当中，并非所有的大大小小的神秘之事都应该理解成需要解决的问题。在范埃登（Van Eeden）的一部小说中，一个叫黑

---

① 请参见 Canetti（1979），pp.26 - 27。
② 请参见 Marcel（1949，1950）；并请参见 van Manen（1990），p.23。

德维希（Hedwig）的小女孩奇怪地陷入性欲的神秘感中。① 这个女孩被邀请参加一个年轻人的晚会。一开始，黑德维希非常不愿意去，可最后还是去了。她到达晚会后，却愉快地、惊奇地发现：

> 人们注意到了她，并对她讲一些很中听的话。她的双颊红了，心情愉快起来。她注意到男孩子们看她的样子，仰慕她的美貌。舞会开始了，一件奇怪的（但并非令人不愉快的）事情让她大开眼界。她看到两个男孩子讨厌的动作和愤怒的眼睛，因为他们都认为自己是第一个邀请她跳舞的人。
>
> 大人们也开始跳舞了。他们变得叽叽喳喳而且十分愉快。黑德维希心花怒放地留心观察着他们，因为她发现他们的举止中开始有了新的内容、奇怪的内容。他们的眼里和笑容里流露着某种心照不宣的东西——好像他们都知道一个秘密，只有孩子们不知道，但这个秘密在这种场合不需要那么小心地隐藏了，因为这是在开晚会，而且人人都很高兴。
>
> 看到这些后，她既高兴，又有点害怕。黑德维希想，那些年长的妇女太老了，在这种场合不值得那么受到尊重。并不是她们变得不那么好了，但她们与男人们跳舞时的言谈举止有点背叛的意味，那同她们对待孩子们时有点装模作样的举止大为不同。②

生活中有些秘密不只是我们面前的障碍，更像神秘的事物一样扎根于我们的心灵，触动我们整个的生命。对性这样难以理解的空间而言更是如此。它很容易被描述成神秘的特征。在此，孩子碰到的是秘密的一种形式，并不需要有解决的途径。孩子不知道那是什么，却很清楚某种不同寻常的事情正在发生。

大人们向孩子们隐瞒很多事情，因为他们感到这些不适合让孩子

---

① 请参见 Van Eeden（1900/1982）。

② 请参见 Van Eeden（1900/1982），pp.18 - 19。

们知道或者孩子们还不够成熟，没有到需要知道的时候。但是大人们跳舞时不让孩子们知道的秘密所具有的特殊性质，永远也不会完全被孩子们了解。因此，有关人生意义的秘密的重要性可以用一句话来概括：人生意义的结构以及很多事情的结构在我们的心中像秘密一样存在，是因为它使我们充满好奇却又永远无法完全揭示出来。

人生意义的问题不是一个通过找到解决办法就能得到回答的问题。一旦性欲暴露于大庭广众之下作为一个有待解决的问题，不但神秘感消失了，性欲本身也变得无法触及。说孩子们一定得学习生活的秘密并不是愚蠢地要求我们必须知道人生的意义。相反，孩子们必须学习的是人生秘密的意义，那是永远也无法完全理解的。只有当你能够让秘密仍被体验成秘密时，才能有效地理解人生的意义。

当然，在日常生活中，"秘密"这个词就像"神秘"那个词一样，通常与我们在这里暗示的对生活秘密的感觉、对神秘事物的好奇可能没有什么关系。侦探小说和浪漫杂志喜欢使用诸如"黄色房间的神秘"或"X项目的秘密"之类的作为标题。可是，在这些例子中，我们所关注的又是以通过某种形式的调查、研究、间谍活动等来解决的问题。

如果认为引发我们冲动的根本秘密或者令我们好奇的神秘事物主要位于人类的性的领域的话，那也是错的。性可能是随时能感受到的深深的秘密之处，然而，那也可能是秘密最容易显露之所。而这种失望在学校里已开始有所表现。比如，教育中的性主题——孩子们称其为"性教育"——过于容易演变成枯燥乏味的信息清单，以及一张与人类性交原理有关的"可为"和"不可为"的单子。在人类的关系中也是如此，别人给我们提供的最初的秘密感往往过快地消失了。

生活的美妙之处在于，非常神秘的事物和秘密并不一定非得在遥远陌生的场所、引人入胜的冒险经历或稀奇古怪的实验当中才能找到。秘密的体验可以在日常生活中最微不足道的事情中遇到。因此，我们这儿想要说的是，卡内蒂的童年记忆不过是记录一个小孩子如何解决一个谜一般的秘密，即他的父亲究竟拿报纸做什么？报纸包含的信息通常难以加深读者对生活的意义与神秘的认识。然而，当你伸出胳膊来打开报纸的时候，那一美妙的时刻具有打开一个世界的力量，从而促使读者去思考是什么使人惊奇并总是保持对某事最初的兴趣。当然，让自己沉浸在报纸的文字中也是一件很舒服的事情。毕竟，当你埋头读报的时候，没有人会去打扰你。

阅读在人的一生当中可能一直是一件美妙的事情。报纸散发出来的魔术般的气味，曾经在父亲鼓励小卡内蒂进入文字的世界去学习阅读的行动中起了一定的作用。这难道不是孩子们所需要的吗？那是对进入未知的、神秘的世界所需要的信任，是相信一切都会圆满解决的信心。报纸上新鲜的油墨味让卡内蒂回想起来一段记忆，使他达到一种自我的认识：对文字的独特而持续的渴求。这种渴求尚不能从他儿提时代发现字母、单词和句子在阅读中的秘密这一过程中得到完全的解释。卡内蒂对文字的渴求一直是难以解释的秘密，因为即使没有这一秘密渴求，生活也照样会进行下去。但这也促使我们想知道：没有秘密的生活是真正的生活吗？

了解到阅读的密码似乎解决了卡内蒂的问题。但从另一个方面来看，卡内蒂的问题并没有得到解决。不只是他在学习"接触"单词，单词也用真正产生美妙的方式开始触动他。文字成为卡内蒂一生的职业：它们创造出了一个永远也不会中止对文字的力量感到极大兴趣的作家。在卡内蒂的母亲临终时，他必须协调自己与母亲之间疏远的关系，他不明白他的弟弟乔治是如何跟母亲那么亲近的。乔治看上去很脆弱。所以，母亲死后，乔治要求单独待在母亲空空的公寓里时，他为乔治担心。

我听到他轻轻地对死去的女人说话，他永远也不会离开她，直到他追随她去的那一天；他对她说话，就好像他仍然有力量去抱住她。而这种力量属于她，他把这种力量给了她，她必须感受到。听起来好像他在轻轻地对她歌唱，不是唱他自己，没有抱怨，唱的只有她，她独自一人承受，只有她有权利抱怨，但他安慰她、恳求她，一遍又一遍地安慰她说，她在那儿，就她自己，单独和他在一起，没有别人，因为任何其他人都令她难受，那也就是他让我离开的原因，他要单独同她一起待上两三天，尽管她已经躺在坟墓里，他还躺在她从前生病时躺过的地方，他用言语抓住了她，这样她就不会离开他了。①

卡内蒂让我们认识到：话语拥有秘密，话语拥有秘密的力量，话语揭示出生活的秘密本身所维系的人类关系中神秘的天性。

没有秘密的人就像没有秘密的生活一样，很难让我们产生兴趣。精神病学家范登伯格曾经说："每一种友谊、每一个婚姻、每一次爱情能够存在要感谢人与他人之间秘密的恩惠。"②生活可能也是一样。总的来说，秘密是生活中有意义的关系的条件。为了有意义的生活而必须拥有秘密，这其中存在着教育性。这里的教育学问题是：我们如何才能为我们的孩子们提供和创造体验秘密的机会，从而使他们的生活和人际关系更有意义？

我 是 谁？

卡夫卡的小说《审判》（*The Trial*）结尾处，牧师给约瑟夫·K 讲述了一个寓言，有关一个乡下人来到法律的大门前的故事。③ 这个寓言与 K 一直在探寻却一直不明白的某件事（即对他的指控）有关。K 觉得绝对有必要搞清楚，因为他的生命似乎取决于它。

牧师告诉了 K 这个故事。那个乡下人想求见法律，可是守门人很强壮，不让他进去。过一会儿是不是可以进去？"可能吧，"守门人说，"但现在不行。"由于通向法律的大门像往常一样敞开着，那个乡下人朝门里张望，但他被告知在这扇大门的背后是一扇一扇的大门，每

① 请参见 Canetti（1986），pp.328 - 329。
② 请参见 van den Berg（1969），p.153。
③ 请参见 Kafka（1925/1994），pp.166 - 173。

一扇的守门人一个比一个有权，他们可怕到连第一个守门人都不敢看他们一眼。于是，这个人就决定在门前等候，并与第一个守门人聊天打发时间，希望有一天能被允许进去。可是，一次又一次，他被告知不能进去，还没有到时候。最后，经过很多很多年，那个人变老了，身体也不行了，带来的很多东西都用来买通守门人了。他的眼神也不好使了，他不知道是天变得越来越黑了，还是他的眼睛在欺骗他。但即使在越来越黑的黑暗中，他也能看见一束光源源不断地从法律的大门里射出来。

　　　　眼下他的生命已接近尾声。离世之前，他一生中体验过的一切在他头脑中凝聚成一个问题，这个问题他还从来没有问过守门人。他招呼守门人到跟前来，因为他已经无力抬起自己那日渐僵直的躯体了。守门人不得不低俯着身子听他讲话，因为他俩之间的高度差别已经大大增加。"你现在还想打听什么？"守门人说。"你没有满足的时候。""每个人都想到达法律的跟前，"乡下人回答道，"可是，这么多年来，除了我以外，没有一个人想求见法律，这是怎么回事呢？"守门人看出，乡下人的生命已经快要结束，听力也越来越不行了，为了让他听见，便在他耳边吼道："除了你以外，谁也不能得到允许走到这扇门前，因为这扇门是专为你而开的。现在我要去把它关上了。"①

　　K 被这个故事深深吸引住了。似乎这个故事与他自己的生活直接相关。难道我们不正是某种秘密的意义的追寻者吗？然而，这个故事似乎包含了太多的欺骗，太多的矛盾。于是 K 和牧师一道长时间地讨论，试图通过解释这个为了服务于法律而讲的故事的意义，来搞清楚法律的秘密。可是牧师一直拐弯抹角。他所能做的不过是为 K 提供许多用来解释这个寓言的说法而已。卡夫卡的读者们禁不住感受到 K 对这

---

　　① 请参见 Kafka(1925/1994)，p.167。译文略有修改，以更符合原意。

个寓言模糊的意义所感到的恐惧。

有些人的一生中不断有这样的怀疑，认为他们的存在有某种主要的秘密，需要找到这个秘密使生活变得有意义。他们无法承受卡夫卡似的恐惧，即任何暴露都只是一种虚幻。其他一些人满足地认为，即使这样的秘密存在，我们也永远无法完全了解它。尽管我们的存在从某个方面来看可能被体验为发现生活的秘密，我们也不需要像卡夫卡小说中的约瑟夫·K一样绝望。生活的秘密可以体验为令人鼓舞且充满诱惑的。对意义本身的探索和偶尔的一丝发现，可能比某些对法律的终极发现（"我为什么在这里？我究竟是谁？"之类的问题的终极答案）更能给人以愉悦。

参考文献

Addis, William E., & Thomas, Arnold (Eds.). (1960). *A Catholic dictionary*. London: Routledge & Kegan Paul.

Aeschylus.(trans. 1953). *Aeschylus I. Oresteia* (Richmond Lattimore, Trans.). Chicago: University of Chicago Press.

Ariès, Philippe. (1962). *Centuries of childhood: A Social history of family life*. New York: Random House.

Bachelard, Gaston.(1969). *The poetics of space*. Boston: Beacon.

Barritt, Loren, Beekman, Ton, Bleeker, Hans, & Mulderij, Karel.(1983). The world through children's eyes: Hide and seek and peekaboo. *Phenomenology and Pedagogy, 1* (2), 140 – 161.

Baudrillard, Jean.(1990). *Seduction*. Montreal: New World Perspectives.

Beekman, Ton. (1987). Hand in Hand mit Sasha [Hand in hand with Sasha]. In W. Lippitz & K. Meyer-Drawe (Eds.), *Kind und Welt. Phänomenologische Studiën zur Pädagogik*(pp.11 – 26). Frankfurt am Main: Athenäum.

Bellman, Beryl L. (1981). The Paradox of Secrecy. *Human Studies, 4*, 1 – 24.

Berger, Peter L. (1963). *Invitation to sociology: The social construction of reality*. Garden City, NY: Doubleday/Anchor.

Block, Andrew. (1995, February). Thoughts from an active soul. *The Australian Way*. Qantas Airlines in-flight magazine.

Bok, Sissela.(1982). *Secrets: On the ethics of concealment and revelation*. New York: Pantheon.

Bok, Sissela.(1989). *Lying: Moral choice in public and private life*. New York: Vintage Books.(Original work published 1978)

Borradori, Giovanna.(1994). *The American philosopher*.Chicago: University of Chicago Press.

Boston, Lucy M.(1961). *A stranger at Green Knowe.* Middlesex: Puffin Books.

Buytendijk, Frederik J.J.(1947). *Het kennen van de innerlijkheid* [Knowledge of inwardness]. Utrecht: N. V. Dekker & van de Vegt.

Buytendijk, Frederik J.J.(1964). Het psycho-fysich probleem [The psychophysical problem]. *Algemeen Nederlands Tijdschrift voor Wijsbegeerte en Psychologie, 56*(2), 57 – 74.

Buytendijk, Frederik J.J. (1988). The first smile of the child. *Phenomenology and Pedagogy, 6*(1), 15 – 24.

Canetti, Elias.(1979). *The tongue set free: Remembrance of a European childhood.* New York: Seabury.

Canetti, Elias.(1986). *The play of the eyes.* New York: Farrar, Straus & Giroux.

Cixous, Hélène.(1994). *The Hélène Cixous reader* (S. Sellers, Ed.). New York: Routledge.

Conrad, Joseph.(1990). The secret sharer. In *Twixt land and sea* (pp. 79 – 124). London: Penguin.(Original work published 1910)

Cottle, Thomas J. (1990). *Children's secrets.* Reading, MA: Addison-Wesley. (Original work published 1980)

Davidson, Donald. (1994). Knowing one's own mind. In Q. Cassam (Ed.), *Self knowledge*(pp.43 – 64). Oxford: Oxford University Press.

De Mause, Lloyd.(1976). *The history of childhood.* London: Souvenir Press.

Duby, Georges, & Braunstein, Philippe.(1988). The emergence of the individual. In G. Duby (Ed.), *A history of private life: Vol. 2. Revelations of the medieval world*(pp. 507 – 630). Cambridge, MA: Harvard University Press.

Elias, Norbert.(1994). *The civilizing process: Vol. 1. The history of manners* (E. Jephcott, Trans.). New York: Urizen.(Original work published 1939)

Erikson, Erik H. (1985). *Childhood and society.* New York: Norton. (Original work published 1950)

Errand, Jeremy. (1974). *Secret passages and hiding places.* London: David & Charles.

Fea, Allan.(1908). *Secret chambers and hiding-places: Historic, romantic, and legendary stories and traditions about hiding-holes, secret chambers, etc.* London: Methuen.

Flaubert, Gustave.(1979). *Madame Bovary: A story of provincial life* (M. Marmur, Trans.). New York: penguin.(Original work published 1857)

Flitner, Elizabeth H., & Valtin, Renate.(1984). "I won't tell anyone": On the development of the concept of the secret in schoolchildren. *Education, 35,* 46–59.

Garrett, Roland. (1974). The nature of privacy. *Philosophy Today, 18*(4/4), 263–284.

Geerts, Leo.(1988). *Een held die armoe zaait* [A hero who sows poverty]. Amsterdam: De Bezige Bij.

Goffman, Erving.(1959). *The presentation of self in everyday life.* Garden City, NY: Doubleday/Anchor.

Grobben, Gerrit.(1986). *De eendekooi*[The duck coop]. Amsterdam: De Bezige Bij.

Harré, Rom.(1991). *Physical being: A theory for a corporeal psychology.* Oxford: Blackwell.

Hawthorne, Nathaniel. (1994). *The scarlet letter.* New York: Dover. (Original work published 1850)

Huijser, Philip Jacob.(1980). *Biecht en private zondebelijdenis. Een onderwerp uit de Christelijke zielzorg* [Confession and private penance. A subject in Christian ministry]. Kampen, Netherlands: Kok.

Hutner, Gordon. (1988). *Secrets and sympathy: Forms of disclosure in Hawthorne's novels.* Athens: University of Georgia Press.

Imber-Black, Evan.(1993). *Secrets in families and family therapy.* New York: Norton.

Inness, Julie C.(1992). *Privacy, intimacy, and isolation.* New York: Oxford University Press.

James, William.(1950). *The principles of psychology,* Vol. 1. New York: Dover. (Original work published 1890)

Joyce, James.(1976). The dead. In *Dubliners* (pp. 175–223). New York: Penguin.(Original work published 1914)

Joyce, James.(1982). *A portrait of the artist as a young man.* New York: Penguin.(Original work published 1916)

Kafka, Franz. (1994). *The trial*. London/New York: Penguin. (Original work published 1925)

Kant, Immanuel. (trans. 1978). *Lectures on ethics*. (L. Infield, Trans.). Gloucester, MA: Peter Smith.

Kermode, Frank. (1979). *The genesis of secrecy: On the interpretation of narrative*. Cambridge, MA: Harvard University Press.

Klein, Ernest. (1971). *A comprehensive etymological dictionary of the English language*. New York: Elsevier.

Langeveld, Martinus J. (1983). The secret place in the life of the child. *Phenomenology and Pedagogy, 1*(1), 11 – 17, and *1*(2), 181 – 191.

Laurence, Margaret. (1978). *A bird in the house*. Toronto: McClelland & Stewart.

Levering, Bas. (1984). The truth about lying. In *Proceedings of the Third Human Science Research Conference*. Carrolton: West Georgia College.

Levering, Bas. (1987). Het ik als geheim: Over lichamelijkheid en identiteit [The self as secret: On corporeality and identity]. *Pedagogische Verhandelingen, 10*(2), 160 – 172.

Levering, Bas. (1992). The language of disappointment: On the analysis of feeling words. *Phenomenology and Pedagogy, 10*, 53 – 75.

Lewis, C. S. (1980). *The lion, the witch, and the wardrobe*. London: William Collins Sons. (Original work published 1950)

Marcel, Gabriel. (1949). *Being and having*. London: Dacre.

Marcel, Gabriel. (1950). *Mystery of being* (Vols. 1 and 2). South Bend, IN: Gateway Editions.

McHugh, Peter, Raffel, Stanley, Foss, Daniel C., & Blum, Alan. (1974). *On the beginnings of social inquiry*. London / Boston: Routledge & Kegan Paul.

Mead, George H. (1961). *Mind, self, and society from the standpoint of a social behaviorist*. Chicago: University of Chicago Press. (Original work published 1934)

Meares, Russell. (1976). The secret. *Psychiatry, 39*, 258 – 265.

Meares, Russell. (1977). The secret. In *The pursuit of intimacy: An approach to psychotherapy*. Melbourne, Australia: Nelson.

Meares, Russell.(1987). The secret and the self: On a new direction in psycho-
therapy. *Australian and New Zealand Journal of Psychiatry, 21,* 545 - 559.

Merleau-Ponty, Maurice. (1964). *The primacy of perception.* Evanston, IL:
Northwestern University Press.

Modell, Arnold H.(1993). *The private self.* Cambridge, MA: Harvard Universi-
ty Press.

Mollenhauer, Klaus.(1983). Vergessene Zusammenhange. *Über Kultur und Erzie-
hung* [Forgotten relations. On culture and education]. Munich: Juventa.

Musée des Arts Décoratifs.(1959). *Rêves d'alcoves. La chambre au cours des si-è
cles* [Dreams about alcoves. The bedroom through the ages]. Paris: Seuil.

O'Neill, John. (1989). *The communicative body.* Evanston, IL: Northwestern
University press.

Postman, Neil.(1982). *The disappearance of childhood.* New York: Dell.

Rashkin, Esther. (1992). *Family secrets and the psychoanalysis of narrative.*
Princeton, NJ: Princeton University Press.

Ricoeur, Paul.(1992). *Oneself as another.* Chicago: University of Chicago Press.

Riesman, David. (1950). *The lonely crowd. A study of changing American
character.* New Haven, CT: Yale University Press.

Rilke, Rainer Maria.(trans. 1982). Duration of childhood. In *The selected poetry
of Rainer Maria Rilke* (S. Mitchell, Ed. and Trans.). New York: Random
House.

Ritsema, Beatrijs. (1993). *Het belegerde ego* [The assaulted ego]. Amsterdam:
Prometheus.

Rosseels, Maria.(1961). *Dood van een non* [The death of a nun]. Leuven: De
Clauwaert.

Ryle, Gilbert.(1949). *The concept of mind.* London: Hutchinson.

Schweder, Richard A., & Bourne, Edmund J.(1984). Does the concept of the
person vary cross-culturally? In R. A. Schweder & R. A. Levine(Eds.), *Cul-
ture theory: Essays on mind, self and emotion* (pp. 158 - 199). Cambridge:
Cambridge University Press.

Simmel, Georg. (1970). *The sociology of Georg Simmel* (K. H. Wolff, Trans.).
New York: Free Press.(Original work published 1908)

Sloterdijk, Peter. (1987). *Critique of cynical reason.* Minneapolis: University of Minnesota Press.

Strickler, George, & Fisher, Martin. (Eds.). (1990). *Self-disclosure in the the-rapeutic relationship.* New York: Plenum.

Szajnberg, Nathan. (1988). The developmental continuum from secrecy to privacy. *Residential Treatment for Children and Youth, 6*(2), 9 – 28.

Terduyn, Eric. (1982). *De ijsprinses* [The ice princess]. Amsterdam: De Bezige Bij.

Traas, Marinus. (1994). *Opvoeding in verandering: Een veranderende maatschappij en de opvoeding van jongeren* [Changes in education: A changing society and the education of youth]. Nijkerk: Intro.

Twain, Mark. (1909). *The prince and the pauper.* New York: Harper & Row. (Original work published 1882)

Van den Berg, Jan H. (1969). Het gesprek [The conversation]. In J. H. van den Berg & J. Linschoten (Eds.), *Persoon en Wereld* [Person and world] (pp. 136 – 154). Utrecht: Erven J. Bijleveld.

Van den Berg, Jan H. (1974). *Divided existence and complex society.* Pittsburgh: Duquesne University Press.

Van den Berg, Jan H. (1975). *The changing nature of man: Introduction to a historical psychology.* New York: Dell.

Van der Sman, José. (1987, April 18). Vrijheid en verdriet op het internaat [Freedom and sorrow at boarding school]. *De Volkskrant.*

Van Eeden, Frederik. (1982). *Van de koele meren des doods* [From the cool lakes of death]. Amsterdam: Wereldsbibliotheek. (Original work published 1900)

Van Manen, Max. (1990). *Researching lived experience: Human science for an action sensitive pedagogy.* Albany: State University of New York Press.

Van Manen, Max. (1991). *The tact of teaching: The meaning of pedagogical thoughtfulness.* Albany: State University of New York Press.

Vincent, Gérard. (1991). A history of secrets? In A. Prost & G. Vincent (Eds.), *A history of private life.* (pp. 145 – 282). Cambridge, MA: Harvard University Press.

Wilson, Peter. (1988). *The domestication of the human species.* New Haven, CT: Yale University Press.

Witkin, Robert W. (1993). Irony and the historical. In K. Cameron (Ed.), *Humour and history* (pp. 136 – 151). Oxford: Intellect Books.

Wittgenstein, Ludwig. (trans. 1980). *Remarks on the philosophy of psychology,* Vol. 1 (G. E. M. Anscombe and G. H. von Wright, Trans.). Oxford, England: Blackwell.

Wolff, Betje. (1977). *Proeve over de opvoeding aan de Nederlandse ouders.* [Essay on education for Dutch parents]. Meppel, Netherlands: Boom. (Original work published 1779)

Woolf, Virginia. (1967). *A room of one's own.* London: Hogarth. (Original work published 1929)

Woolf, Virginia. (1979). *Women and writing.* New York: Harcourt Brace Jovanovich. (Original work published 1904)

译 后 记

书的影响力来自读者对它的认可。

《儿童的秘密》自 1996 年出版以后，已被翻译成英语、德语、荷兰语、巴西语、葡萄牙语、西班牙语等多种文字的版本，在世界范围内产生了广泛的影响。

书的可读性来自内容的经典和思想的鲜活。

《儿童的秘密》既是一本研究秘密的教育意义的学术专著，又是一本充满人文关怀、描述人们日常生活的通俗读物，让我们觉得那样的真实、贴近。

曾经拥有过童年，曾经拥有过秘密，而且正在养育孩子的我们，看完这本书后便觉得爱不释手，同时萌发了将此书翻译成中文和更多读者朋友分享的冲动。

这本书的翻译其实也是一个跨国度和跨文化的合作项目。李树英先生是马克斯·范梅南教授的得意弟子，深谙导师的思想精髓；陈慧黠女士侨居加拿大，有着中西方两种文化和教育背景的她，对于全书内容和思想的把握有着他人无可替代的优势；曹赛先女士则更多地注重从中国文化和教育的视角出发，使译文更加本土化，更加亲近中国的父母和孩子。三人精诚合作，字斟句酌，使这本不可多得的好书来到了中国，来到了你的身边，也来到了您孩子的身边。

深深地感谢马克斯·范梅南和巴斯·莱维林，他们的学识和慷慨使我们有了翻译出版本书的可能；深深地感谢教育科学出版社的领导和编辑老师，他们为此书的出版付出了艰辛的努力；深深地感谢我们的读者，和我们一起分享阅读的快乐，也让我们体验到了被人认可的快慰和喜悦。

译 者

记于本书第 1 版第 2 次印刷之时

Original English Title:

Childhood's Secrets: Intimacy, Privacy, and the Self Reconsidered

By Max van Manen

Published by Teachers College, Columbia University

Copyright ⓒ 1996 by Teachers College, Columbia University

All rights reserved.

No part of this publication may be reproduced or transmitted in any form or by any means, electronic or mechanical, including photocopy, or any information storage and retrieval system, without permission from the publisher.

本书简体中文版由美国哥伦比亚大学教师学院出版社授权教育科学出版社独家翻译出版。未经出版社书面许可，不得以任何方式复制或抄袭本书内容。

版权所有，侵权必究

出 版 人　所广一
责任编辑　翁绮睿
版式设计　郝晓红
责任校对　贾静芳
责任印制　叶小峰

图书在版编目（CIP）数据

儿童的秘密：秘密、隐私和自我的重新认识／（加）范梅南，
（荷）莱维林著；陈慧黠，曹赛先译. —2版. —北京：教育科学
出版社，2014. 12（2023. 9重印）
（世界教育思想文库）
书名原文：Childhood's secrets：intimacy，privacy and
the self reconsidered
ISBN 978-7-5041-8649-2

Ⅰ.①儿…　Ⅱ.①范…②莱…③陈…④曹…　Ⅲ.①儿童
心理学　Ⅳ.①B844.1

中国版本图书馆CIP数据核字（2014）第124966号

北京市版权局著作权合同登记 图字：01-2003-6263

世界教育思想文库
儿童的秘密——秘密、隐私和自我的重新认识
ERTONG DE MIMI——MIMI、YINSI HE ZIWO DE CHONGXIN RENSHI

出版发行	**教育科学出版社**				
社　址	北京·朝阳区安慧北里安园甲9号		**市场部电话**	010-64989009	
邮　编	100101		**编辑部电话**	010-64981167	
传　真	010-64891796		**网　址**	http://www.esph.com.cn	
经　销	各地新华书店				
制　作	北京广联信达文化发展有限公司				
印　刷	保定市中画美凯印刷有限公司		**版　次**	2004年4月第1版	
				2014年12月第2版	
开　本	720毫米×1020毫米　1/16				
印　张	14		**印　次**	2023年9月第11次印刷	
字　数	194千		**定　价**	42.00元	

如有印装质量问题，请到所购图书销售部门联系调换。